近代華族動物学者列伝

保科英人

勁草書房

近代華族動物学者列伝　目次

序章　華族と華族動物学者たち

本書『近代華族動物学者列伝』で描くのは、華族と呼ばれる特権的な家々に生まれた動物学者たちの生き様である。そして、本書を列伝形式にしたのには意味がある。筆者は史伝作家の海音寺潮五郎のファンで、なかでも愛読したのが『武将列伝』『悪人列伝』である。また、新保良明『ローマ帝国愚帝列伝』も著者の筆致が軽快であるうえに、またローマ帝国には愚帝の登場が相次ぐ素因がもともとあったことが、わかりやすく解説されている。一冊の本全体で、単独の人物を描き切る専門書は、概して敷居が高い。そこで筆者は、華族動物学者たちの生涯は、章ごとに主役が入れ替わる列伝形式で描く方がなじみやすいと考えた。第一章以降、この列伝形式で華族動物学者たちを取り上げていく。その前に、序章ではそもそも華族とは何か、また華族動物学者はなぜ帝国議会にも籍を置いていたかなどを解説しよう。

●1――華族制度と華族学者たち

榎本武揚率いる旧幕府軍が函館で降伏した翌月の明治二（一八六九）年六月、「公卿諸侯之称廃せられ、改て華族と称すべし」との行政官達第五四三号で、公家と諸侯（藩主）をあわせた華族という貴族集団が設定された。明治二年の時点では、公家や諸侯は「華族」との一括りでしかなかった。その後、政府内の種々の議論を経て明治一七（一八八四）年七月に制定されたのが華族令である。この華族令によって、公、

侯、伯、子、男爵の五種の爵位およびその序列、華族の特権や義務が規定され、近代華族制度が整った。そして、華族たちは祖国が大東亜戦争に敗れた後、日本国憲法が施行された昭和二二（一九四七）年五月三日のその日まで、その地位と特権を保持し続けた。

明治維新後、旧公家や大名、そして維新の勲功によって爵位を得た華族の子息たちは、公務（陸海軍人や官吏）、銀行業、交通業などさまざまな分野の職種に就いたが、そのうちの一つの分野が博物学である。研究に没頭できる時間と経済力を持ち、また専門書に触れる機会に恵まれた華族が、いわば趣味的な学問の博物学の世界に雄飛したのはある意味当然だ（注①）。山階鳥類研究所を設立した山階芳麿侯爵（一九〇〇―一九八九）や、〝鳥の公爵〟と称された鷹司信輔公爵（一八八九―一九五九）、黒田長禮侯爵（一八八九―一九七八）、生物地理学の蜂須賀線に名を残す蜂須賀正氏侯爵（一九〇三―一九五三）などの鳥類学者たちがその代表といえる。一方で、これら錚々たる鳥類学者たちから知名度は大きく落ちるが、昆虫学者（博物学者）の高千穂宣麿男爵（一八六四―一九五〇）や応用昆虫学者の中川久知（一八五九―一九二二）、蝶類学者の仁禮景雄（一八八四―一九二六）なども華族動物学者である。

ここで小田部雄次『華族』を参考にして、華族制度について簡単に紹介しておこう。爵位所持者と華族はイコールではない。爵位はその家の戸主だけが持つ。一方、華族とは爵位を持つ戸主と、その同一戸籍の家族全体を指す。ようするに、爵位を持つ家の当主に加え、配偶者や子女全員が華族だが、戸主の次男や三男が分家したり、娘が平民の家に嫁に行ったりすると、その時点で華族ではなくなる。前述の中川久知や仁禮景雄は華族動物学者の一例として挙げているが、二人はそれぞれ次男坊と四男坊なので、中川伯爵家と仁禮子爵家を継ぐことはなく、終生爵位を持つことはなかった。また、両名は若くして実家から分家したので、平民として生涯を終えている（注②）。

●2——爵位と経済力

明治一七（一八八四）年、旧公卿や諸侯への爵位は明治以前の家格や石高などを基準にした叙爵内規に従って、各家に授けられた。爵位決定はこの叙爵内規が厳格に適用された。よって、戊辰戦争で賊軍となった藩主は低い爵位しか与えられなかったというのは俗説にすぎない。叙爵内規の詳細については、浅見雅男『華族誕生』をご参照いただきたい。この内規に従った結果、旧公卿の場合、五摂家は公爵、太政大臣になれる家格の清華家は侯爵、内大臣や大納言を極官とする大臣家等は伯爵となった。一方、旧大名の場合は、徳川宗家と、維新に絶大な功があった島津・毛利両家が公爵、徳川御三家や現米一五万石以上の大藩が侯爵、旧御三卿や現米一五万石未満の中藩が伯爵、現米五万石未満の小藩が子爵に振り分けられた。極端に単純にいうと、江戸期の藩の石高で旧藩主のおおよその爵位が決まった。無論、旧領の大きさだけで単純に爵位が決められたのではない。たとえば、仙台伊達家と越前松平家は、江戸期はそれぞれ六二万石と三二万石の国持大名であったにもかかわらず、授けられた爵位はともに伯爵である（越前松平家は維新の功によって、のちに侯爵に陞爵した）（注③）。それはさておき、本書で取り上げる鷹司信輔は旧五摂家出身なので公爵、黒田長禮と蜂須賀正氏は、それぞれ五〇万石および二五万石の旧大名家なので侯爵というわけである。

旧公家・大名以外では、維新で活躍した旧藩士の志士たちも授爵した。また、全国の大神社の中から神職一四家が男爵の爵位を授けられた。第六章の博物学者高千穂宣麿は、この神職華族の一員である。さらに、明治以降、西南戦争、日清・日露両戦役で軍功を立てた軍人や、外交や内政で顕著な功績をあげたものも順次、華族に列せられていった。仁禮景雄の父・景範は西南戦争等の功績によって子爵となった海軍軍人である。また、本書第七章の田中芳男は、長年の官僚および貴族院議員としての業績によって、死去

半年前に男爵となった。いわば本人の実力で爵位を勝ち取った点で、家柄だけで華族となっていた黒田や高千穂らとは事情がまったく異なる。

細かい爵位の話はさておき、華族の経済力についても見てみよう。近代日本の華族はおおよそ欧州の貴族に該当するが、華族の皆が皆金持ちではない。たとえば、奈良興福寺の僧職で、明治以降還俗して華族に列せられた二六家を奈良華族と呼ぶが、経済的に苦しかったいくつかの家は後に爵位を返上してしまった。華族としての体面を保つ資産がない、というのが理由である。

明治以降、華族たちは起業や投資によって資産形成に励んだ。もちろん、蓄財がうまくいくかどうかは運と力量次第である。蜂須賀侯爵家のように北海道に日本有数の大農場を経営できたところもあるが、仁禮子爵家は農場および塩田経営に失敗してしまった（第八章）。

旧諸侯の武家華族は概して経済的に恵まれていた。旧石高が五万石以上の武家華族は、第十五国立銀行に預金した禄券額の利子だけで生活できたので、無職の者も少なくなかった（刑部『三条実美』）。そして、明治以前の石高の大きさが維新以後の彼らの経済力を測る目安となる。さらに、江戸期の石高と爵位はほぼ直結しているのだから、ざっくばらんに言うと爵位の差は経済力の差でもある。鳥類学者で黒田長禮と蜂須賀正氏の両侯爵が世界のあちこちを回り、鳥類の剝製標本をかき集められたのは、一にも二にも彼らが旧大大名の侯爵で、自在に使えるカネを潤沢に持っていたからである。一方、同じ華族動物学者であるにもかかわらず、高千穂宣麿の採集旅行の行き先がせいぜい琉球に留まったのは、彼が神職の男爵であり、常にカネに困っていたからである。また、蝶類学者の仁禮景雄は南米と欧州を巡る機会があったが、仁禮は雑誌記者としての仕事で海外渡航したにすぎない。実家の仁禮子爵家の資産に頼った渡欧ではない。実際、彼の南米と欧州滞在が、後の研究成果に生かされることはなかった。雑誌記者として渡欧している以上、仁禮は現地で虫捕り網をふるってばかりはいられなかったのである。海外で自由気ままに鳥を追えた

黒田や蜂須賀とは事情が大きく異なる。

爵位の違いが生み出す経済力の著しい格差。このカネの有無が、華族動物学者の研究対象の選択に大きく影響した、というのが筆者の仮説であり、本書の大きなテーマの一つでもある。これについては、本書末の終章で総括することにしよう。

●3――帝国議会議員の華族動物学者たち

ここで本書にて取り上げる華族動物学者たちを専門分野とともに爵位順に列記してみよう。

(1) 鷹司信輔公爵、鳥類学。
(2) 黒田長禮侯爵、鳥類学。
(3) 蜂須賀正氏侯爵、鳥類学。
(4) 三島弥太郎子爵、昆虫学。
(5) 高千穂宣麿男爵、博物学（昆虫学）。
(6) 田中芳男男爵、博物学。
(7) 中川久知、応用昆虫学。
(8) 仁禮景雄、昆虫学（蝶類学）。
(9) 名和靖（平民）、昆虫学。

本章1節で述べたように、中川と仁禮は華族家の生まれではあるが、爵位はない。また、(9)の名和靖は平民なので、本来なら『近代華族動物学者列伝』に掲載される資格のない、いわば番外者である。し

かし、彼が設立した私立の昆虫研究所が、華族動物学者たちの強力な支援を受けていたことが明らかになっている。華族学者がどのような形で名和を援助していたかを明らかにするうえで、あえて名和を本書で取り上げた次第である。

　これら九名の学者のうち、有爵位者の上位六名はいずれも貴族院議員である。また、七番目の中川久知は衆議院議員を一期務めた。つまり、全九名のうち七名は、今風にいうと国会議員経験者である。

　現在の国会議員は、議員になりたい人が必死に選挙活動をした後になれる職業だ。衆議院の選挙制度については、戦前の帝国議会と戦後の国会で似通る部分は多い。中川久知は現在の与野党代議士のごとく、涙ぐましい選挙活動によって、ようやくその地位を得た（第四章）。一方で、帝国議会の貴族院は、議員の選出方法が戦後の衆議院と参議院とはまったく違う。そして、その独特な選出方法は、鷹司や蜂須賀、黒田などの議員活動に大きく影響を与えているので紹介しておく。明治二二（一八八九）年二月公布の貴族院令によれば、以下の議員でもって貴族院を構成すると定められた。

（1）皇族（ただし成年男子のみ）
（2）満二五歳以上の公爵と侯爵
（3）満二五歳以上の伯爵・子爵・男爵から互選で選ばれたもの。任期七年
（4）満三〇歳以上男子で、国家に勲労がある、または学識があるものから勅任されたもの
（5）各府県で満三〇歳以上の男子の多額納税者から互選で選ばれたもの。任期七年

　爵位は男性しか持てないので、必然的に（1）から（5）まですべてが男性となる。衆議院も含め戦前日本には女性国会議員がいなかったのは周知のとおりだ。本書で扱う鷹司、黒田、蜂須賀、三島、高千穂、

田中の六人の貴族院議員のうち、鷹司、黒田、蜂須賀は公侯爵家の生まれだから、二五歳以上になり、かつ親から爵位を受け継いだ時点で、自動的に世襲の貴族院議員になった。本書では取り上げなかった鳥類学者の山階芳麿の爵位は侯爵なので、彼もまた貴族院議員である。もっとも、公侯爵議員は議員歳費をもらえなかったので（内藤『貴族院』）、彼らは議員になれるというよりは、義務として議員をさせられると表現した方が正しい。この三人の議員活動が概して低調だったのも推して知るべしである。

　次に三島子爵と高千穂男爵は、選挙で勝たなければ議員になれない。貴族院に解散はないので選挙は七年ごとに行われるのが原則である。ただし、議員の死去等で欠員が生じると任期途中でも補欠選挙が実施されることもあった。なお、伯子男爵の議員選挙は同爵位者のなかでの互選なので、爵位が異なる三島と高千穂が票を争うとの事態が生じる余地はない。伯子男爵議員選挙はあくまで互選が建前なので、立候補した人間が昇りを立てて自分の名前を街頭で連呼する方式ではない。形式としては小中学校のクラス委員長の選出のようなイメージである。ただ、しょせんそこは政治の世界。選挙が近づくと、議員ポストをめぐって、虚々実々の駆け引きがあった。伯子男爵議員は高い給料がもらえるからである。そこで、議員になりたい華族は同じ爵位を持つ有力者宅を訪ね、「次の選挙では、なにとぞ拙者をよろしく」と頼み込んだ（注④）。財政基盤が弱く、議員歳費が喉から手が出るほど欲しい子男爵華族は、死に物狂いで運動したはずである。三島弥太郎は子爵の実力者だったから、選挙のたびに気を揉む必要はなかっただろうが、政界の有力者ではなかった高千穂は違う。この人は議員になりたくてなりたくて、必死に運動し、ようやく議員ポストをつかんだ。そのあたりの経緯については、第六章で述べることとしよう。

　一方、田中芳男（第七章）は高千穂と同じ男爵であるが、男爵華族のなかから選ばれた議員ではなく、（４）の終身の勅選議員に該当する。よって、田中は七年ごとの選挙に杞憂することなく、議員活動に打ち込むことができた。

●4――華族履歴と参議院所蔵の議員履歴書

　華族たちの生涯を知る一つの重要資料が『華族履歴』である。『華族履歴』とは、宮内庁書陵部が所蔵する資料の一群で、文字どおり華族個人の履歴書が収録された文書である。その記載項目は既刊の『昭和新修華族家系大成』『平成新修旧華族家系大成』の旧華族名簿資料にも利用されているが、履歴書の原文自体は未刊行のままだ。各華族の履歴書の中身は、書式がまったく統一されていない。たとえば、福井藩士の堤正誼男爵（維新後は宮内官僚）の履歴書には幕末の元治元（一八六四）年禁門の変で敵を一人討ち取った、との個人的武者働きにまで言及されている一方で、同じく福井藩出身の医師の岩佐純男爵の履歴には生年以外の明治維新前の項目が一切ないのである（拙文「福井藩医師岩佐純及び橋本綱常履歴書」）。また、鷹司信輔の履歴書は華族制度が消滅した昭和二二（一九四七）年で途切れているのに対して、高千穂宣麿は昭和二五（一九五〇）年に死去したことがちゃんと記されている。なぜ高千穂については、華族制度がなくなって以降も、『華族履歴』に死去の項目が書き加えられたのか、その点は不明だ。何はともあれ、華族学者たちの生涯を知るうえで、彼らの履歴書は重要資料である。また、『華族履歴』は彼らの職歴だけでなく、「年俸○円」など、彼らがもらったカネの動きが一部読み取れる点も大変ありがたい。

　貴族院に籍を置いた華族学者の別の履歴書として、現在の参議院が所蔵している『貴族院議員履歴書』がある。現物を見せてもらうことはできないので、参議院事務局に「誰それの履歴書を見たい」と申し込む。すると、後日事務局で翻刻されたものが送付されてくるとの手順を踏む。『貴族院議員履歴書』は、記載項目が貴族院議員になっている時期に限定されていることが多く、内容そのものは『華族履歴』と比べると少ない。しかし、『華族履歴』未記載の項目も若干見受けられるので、調べるにこしたことはない。なお、筆者の問い合わせに対し、現在の衆議院事務局からは「衆議院は戦前の衆議院議員の履歴書を保管

せず」との回答があったことを付け加えておく。

●5――帝国議会議事録から読み取れるもの：憲政史上初の乱闘議会を例にして

本書は、九人の動物学者を取り上げるが、科学史視点で彼らの研究業績の再評価を試みるのは主な目的ではない。前述のように九人の学者のうち、七人は帝国議会議員である。そこで、議会議事録から帝国議会の本議会や委員会の場で彼らが何を語ったのかを明らかにしようというのが一番大きな狙いだ。では、なぜ筆者は議会議事録にこだわるのか？　それは、議事録が彼らの貴重な肉声資料だからである。

議会議事録が当時の議員たちの発言、そして下らないヤジまでもいかに正確に記録しているか。ここで、明治三八（一九〇五）年一二月開会の第二二回帝国議会を例にとってみよう。この議会で可決された法案の一つが鉄道国有化法案であるが、進歩党を中心として反対意見が根強く、議場は大混乱に陥った。翌明治三九年三月一六日、国有化法案は衆議院で可決されたのち、審議は貴族院に移った。そこで、大幅な修正が行われた後、修正案が同月二七日に可決された。同日は議会最終日だったので、ただちに貴族院の修正案が衆議院に回付され、再審議となったが、ここでも反対の怒号が乱れ飛んだ。ここで同法案の特別委員会委員長で、与党・立憲政友会の長谷場純孝が「もはや議論はすでに尽きている。よって、討論を省略し、直ちに採決すべし」との緊急動議を提出すると、反対派の怒りは最高潮に達した。ここに、日本憲政史上初の乱闘が勃発することとなる（老川『日本鉄道史』）。長谷場が動議を提出した直後からの様子を、議事録から再現してみよう。

与野党の間で長谷場の緊急動議に対して「賛成賛成！」「そんな不当なことはない！」との怒号の応酬となった。議事録はその様子を「議論喧囂ヲ極ム」と形容する。衆議院議長で立憲政友会の杉田定一が「静かに願います」と何度もたしなめるも、議場はまったく鎮まる気配がない。まずは長谷場提出の緊急

動議の採決となり、賛成起立者多数で可決となったが、反対派は「異議あり異議あり！」と叫び続ける。対して長谷場は「議長の命に従わぬものは退場を命ぜられたい」と反対派の野党側を挑発する。この騒然としたなか、森本駿議員が「議場において腕力を用いることは許されない！　議長の命に従わない奴は誰だ！」とヤジを飛ばした。議事録の森本の発言から、この時点で議場がすでに暴力沙汰になっていることが読み取れる。反対派の福井三郎議員は「今の採決は不当だ！」と大声をあげるが、与党側も「議長の命令に従え！」とやり返す。この後も議事録には「議場騒然」との単語が何度も綴られている。結局、鉄道国有化法案の修正案は、この日の衆議院で賛成多数で可決された。

　なお、同月二八日付東京朝日新聞、東京二六新聞、都新聞、萬朝報などの諸新聞の記事から補足すると、長谷場提出の緊急動議の採決直後に法案反対派の複数の議員が怒って杉田議長を取り囲んだ。当然、与党側の議員は自派の議長を守るために駆けつけたので、議長前席の演壇で与野党議員間の大格闘が始まってしまったのである。この事態に多数の守衛が出動して、この騒動を取り鎮め、杉田議長は何とか緊急動議の可決を宣言することができた。

　これが日本憲政史上初の乱闘議会の顚末である。もはやコントの域に達しているといえよう。議場がここまで大混乱に陥った理由は、もちろん鉄道国有化法案は賛否が激しくぶつかる案件だったからだが、もう一つは杉田定一議長の議会運営の手腕が稚拙だったからである。杉田は福井市の豪農出身で自由民権運動たたき上げの政治家だ。彼は地元では今や大変な英雄となっているが、その業績に対して過大評価があることは否めない。杉田は議長として失敗したこと一度ならず、加えて声が小さいとの致命的弱点を持っていた（拙文「新聞報道から見た政党政治家杉田定一」）。彼は平時ならばいざ知らず、乱闘国会を鎮めるには、あまりにも不向きな議長だったのである。

　何はともあれ、帝国議会議事録が当時の議員たちの肉声や振る舞いをいかに詳細に記録しているかがお

判りいただけたかと思う。

●6――華族動物学者議員は帝国議会で何を語ったのか？

　このように、議会議事録は議場における真剣な討論だけでなく、どうしようもないヤジの類まで漏らさず記録している。つまり、登壇した帝国議会議員が、個々の法案にいかなる見解を述べたか、後世の我々にすべて筒抜けだ。議員の個人史に重きをおく著作を書きたいなら、議会議事録は彼らの肉声を録音した、まさに宝の山である。

　にもかかわらず、華族動物学者議員たちの帝国議会における言動に対して、これまで焦点がまったく当てられなかったのは不可解というほかない。たとえば、村上紀史郎氏の蜂須賀正氏の伝記『絶滅鳥ドードーを追い求めた男』がある。蜂須賀の伝記としては最も詳細な力作であるが、蜂須賀が貴族院議員になったとの事実は記すものの、彼の議員活動に関する著述はほぼゼロである。また、「博物館建設の父」として知られる田中芳男も、膨大な関連研究論文がある。にもかかわらず、田中がいかなる議員活動をしていたか、となると明治二三（一八九〇）年の博物館設立の建議案の発議者になったこと以外、誰も文章にしてこなかった。筆者は「せっかく議会の議事録が残っているのに、これでは宝の持ち腐れではないか」と痛感し、五年ほど前から華族動物学者の議会における発言を拾ってきた。高千穂宣麿、中川久知、鷹司信輔、田中芳男の四名については、すでにその成果を発表済みである。そして、本書では新たに蜂須賀正氏、黒田長禮、三島弥太郎の三名についても、議会における発言の発掘を試みる。

　結論から言えば、華族動物学者の多くは、帝国議会の本議会の場では概して口が重かった。彼らはシャイだからなのか奥ゆかしいからのか、何百人もの同僚の前で堂々と演説するのは不得手だったようだ。高千穂宣麿、中川久知、蜂須賀正氏にいたっては、本議会における発言はゼロである。しかし、より少人数

の委員会になると話は別だ。本議会では口をへの字に結んでいた高千穂であったが、委員会の場では卓見をしばしば披露している。帝国議会の各委員会についても議事録はおおよそ残されているので、それらもまた彼らの肉声資料である。

とくに筆者が着目したのは請願委員会の議事録である。ここで請願委員会とは何かを簡単に解説しておこう。請願は大日本帝国憲法で保障された権利である。請願書は紹介議員を通じて提出され、請願委員長が規定に合するかどうかを確認した後、議長名で受理する。受理された請願は、委員長名で請願文書表を作成し、議長から全議員に配布される。そして、請願委員会で審査された後、採択すべきか否かを議決する。採択されれば本会議で特別報告がなされ、ここでも採択が議決されれば、意見書を付けて政府に送付される、との手続きを踏んだ（小林『明治立憲政治と貴族院』）。もっとも請願が可決されたとしても、その実行を政府に強制できはしないが、帝国議会に議席を持たない一般国民でも実行できる議会への直訴制度として機能したのである。

では、当時の帝国臣民はいかなる陳情を請願委員会に持ち込んだのか。具体的には、自分たちの村に郵便局や神社を作れとか、故郷の山々を国立公園に編入してほしいとか、国立研究機関の地方支部の建設を求める、といった内容のものである。請願の内容はきわめて雑多だ。それゆえに、請願委員会における各委員の発言から、国の研究体制や国立公園の在り方などなど、さまざまな課題について彼らがどう考えていたかを読み取れるのである。

個別の法案を審議する特別委員会では、中身の本質的な議論に加え、どうしても法案の文言の修正といった地味な審議が繰り返される。無論、法治国家として適切な文言の選択は大事なことなのであるが、審議過程を追跡しても面白くも何ともないことが多い。一方、請願委員会では、臣民の陳情の採否を審議するので、この時点では細かい文言修正は行われない。委員会ではその陳情の採択が適切か否か、時として

委員同士の意見のぶつかり合いの場となる。しかも、委員会では同日に多数の案件が扱われるので、「はい、次はこれ」「はい、終わりました。では、次に行きましょう」といった感じで、スピーディーに審議が進む。個々の請願案件に対する議員の発言から、彼らの発想が読み取れて、非常に面白いのである。

筆者にとって、華族動物学者の議員活動が現実の法案や議会政治に与えた影響は、はっきりいってどうでもよい。彼らが成立に邁進した法案が最終的に可決されたかどうかも重要ではない。そもそも、三島弥太郎を除くと、華族動物学者たちの乏しい政治力では、政局に寄与することは土台無理な話であった。本書では、華族動物学者議員の議会での発言、とくに生き物や研究施設が絡む法案や請願への彼らの発言から、彼らの動物学への理念や問題認識を明らかにしたい。取り上げるのは、彼らの頭のなかの思考そのものである。では、次章より彼らの議員活動を中心とした生涯を振り返ってみることにしよう。

第一章　「蟲好きでは錚々たるもの」といわれた有力政治家——三島弥太郎

三島弥太郎子爵（一八六七―一九一九）は、福島事件で有名な三島通庸子爵の長男である。父通庸は福島県令時に自由党を弾圧し、明治一五（一八八二）年福島事件を引き起こした官憲側の首領。中高の日本史の教科書は大体において自由民権運動を好意的に叙述しているから、三島通庸の名は明治史の悪役として日本人の脳に刻まれている。ただ、幸か不幸か、その悪名のおかげで、近代史の知識が多少あれば三島通庸の名を知る日本人は多い。一方で、その長男の弥太郎となると、相当な歴史通でなければ、その名を聞いたことはないはずだ。近代文学の愛好家であれば、弥太郎は徳富蘆花『不如帰』の川島武男のモデルになった人物として承知しているかもしれない。何はともあれ、弥太郎の知名度は低いのだが、史実からいえば、彼は貴族院議員の有力議員であり、政局に及ぼせる力は有名な父をしのぐものがあった。

この三島弥太郎を『近代華族動物学者列伝』の第一章を担当せしめるのは、筆者の我田引水との誹りは避けられない。事実、取り立てて動物学上の研究業績がない三島を動物学者と呼ぶには相当無理がある。にもかかわらず、本書で取り上げたのはそれ相応の理由がある。三島は若い頃、駒場の農学校で学び、のち米国留学中に害虫学（昆虫学）を修めたので、動物学者議員に数えられなくはないと思うからだ。

現代の与野党政治家の重鎮たちの出身学部は文系に偏っている。本来なら職務上、生き物に精通しておいてほしい環境大臣であるが、歴代の大臣が専門的な動物学や植物学の知見を有していたとは、筆者寡聞

にして耳にしたことがない。そう考えると、近代日本の有力政治家であった三島が昆虫学、しかも米国で学んだとの経歴はかなり異例である。強引とは自覚しつつも、本書にて三島に一章を割きたかった筆者の心情をいくばくかでもご理解いただけただろうか。

三島は後述する貴族院の政治会派の研究会の有力議員であったがゆえに、彼の動向は近代政治史を扱った論文で取り上げられてきた。しかし、本書は『近代華族動物学者列伝』である。あくまで昆虫学の観点で、彼の生涯を紹介するものであることをご了承願いたい。

●1――経歴

宮内庁書陵部公文書館所蔵の未刊行資料の『新華族履歴一七』（識別番号：４４１２７）に三島の履歴が掲載されている。しかし、社団法人尚友倶楽部・季武編『三島弥太郎関係文書』にも詳細な年譜がある。

三島弥太郎は慶応三（一八六七）年四月一日、薩摩藩士の通庸の長男として鹿児島上ノ園に生まれた。明治維新の動乱は直接経験しなかった世代である。明治一二（一八七九）年に山形県師範学校に入学、明治一四（一八八一）年に同校を卒業し、師範学校附属小学校助教員になった。しかし、数か月で退職、翌年上京し、大学教授コックスに英語を学ぶことになった。明治一六（一八八三）年に駒場農学校（現在の東京大学農学部の前身）に入学し、翌一七年成績優秀をもって官費留学生となった。これ以降、三島の人生が一気に開けることとなる。なお、この年、華族令が制定され、日本に公侯伯子男の五爵制度が発足したが、父の通庸が子爵を授けられるのは明治二〇（一八八七）年なので、弥太郎はこの時点では爵位所持者の子弟ではない。

明治一七年に米国のフィラデルフィア中学校に入校した後、翌一八年にはアマースト農科大学に入学した。今でこそ日本人の米国留学なんぞ珍しくも何ともないが、当時は違う。また、日米の国力や科学技術

の差も、現代とは比べものにならないほど大きい。三島が米国の発展ぶりに驚嘆したのは当然である。ただ、彼が後年、米国人の道徳心の高さを強調し、日本人はまだまだ野蛮のような述懐をしているのは（坂本『子爵三島彌太郎傳』）、現代人から見てあまり気持ちの良いものではない。三島は〝米国出羽守〟の先駆けの一人といったところか。

明治二一（一八八八）年、勉学に励んだ三島は同大学を首位の成績で卒業し、卒業式では演説者の一人に選ばれるとの栄誉を得た。他の米国人学生の演説が農学や農政に関する内容だったのに、三島は日本が欧米列強との間に結ばされた不平等条約の撤廃を求める熱弁を振るった。この演説は満堂の聴衆に深い感銘を与え、地元の新聞も賛辞を惜しまなかったという（三島義温「三島弥太郎の手紙」）。日本男児の面目躍如といったところか。ただ、その余韻に浸る間もなく、弥太郎は父・通庸の危篤の連絡を受け、急遽帰国の途に着いた。

通庸は病から回復することなく逝去した。華族女学校の英語教師だったアリス・ベーコンは、通庸の葬儀は盛大に行われたと日記に記している（ベーコン『華族女学校教師の見た明治日本の内側』）。父の死を受け、三島家の家督を継いだ弥太郎は、北海道庁技師に短期間任官したのち、明治二二（一八八九）年に再び米国留学、コーネル大学大学院で昆虫学を学んだ。翌二三年、学術優秀をもって学士会員に選ばれ、マスター・オブ・サイエンスの学位を受けた。しかし、無念にも病のため、同年一二月に同大学院の退学を余儀なくされてしまう。その後、英国と仏国滞在を経て、明治二五（一八九二）年帰国した。この年をもって、三島は留学生活に終止符を打ったことになる。

帰国後、結婚ついで再婚により家庭を築いた後、明治三〇（一八九七）年、貴族院の子爵議員選挙にて当選した。その後七年ごとに行われる選挙でも連続当選し、死去まで貴族院議員であり続けた。この間、明治三一（一八九八）年に岩越鉄道社長、明治四四（一九六九）年の横浜正金銀行頭取などの財界要職を

歴任、大正二（一九一三）年、日本銀行総裁に就任した。そして、三島は貴族院議員と日銀総裁在職のまま大正八（一九一九）年三月七日、五一歳で死去した。

つまるところ三島は一政治家だったわけだが、では政治家として何をしたか、その業績は何かと問われても、一言では答えにくい。三島が就任したポストで最も重たい職は日銀総裁であるが、日銀幹部は良くも悪くも、その功績を華々しく後世に宣伝できる性質のポストではない。一応、日銀総裁としての評価としては、日露戦争後の不況の中、採用した財政政策が消極的だったとされることがある（牛島「三島彌太郎」）。

財政通との評価が高かった三島であるが、その政治家人生のなかで幾度かあった大蔵大臣就任要請をかたくなに拒んだ。よって、表面上は一人の平議員として生涯を終えたことになる。となると、講和条約を結んだ外務大臣とか、普通選挙を導入した総理大臣との類いのわかりやすい政治功績は残らない。筆者が彼の伝記『子爵三島彌太郎傳』を読むかぎり、三島個人の政治家としての業績を書き連ねるというよりは、三島が生きた時代の政治通史との感想を持った。このように、政治家としては地味な印象があるが、彼は貴族院の政治会派の研究会の主導者となり、政局に大きな影響を及ぼしえた有力議員であったことはたしかである。

●2――貴族院の会派と研究会：貴族院有力議員となった背景

三島弥太郎の父の通庸は、警視総監や県令を歴任したのち、子爵の爵位を授爵したが、帝国議会開会前に死去したため貴族院議員は経験していない。そして、薩摩閥の一員ではあるが、有力政治家とまではいえない。よって、長男の弥太郎も薩摩閥に連なってはいたが、父から大きな政治資産を受け継げたわけではない。しかも、子爵という爵位は下から二番目だ。にもかかわらず、なぜ弥太郎は貴族院内で大きな力

を振るえるようになったのか？　それは、貴族院議員の選挙の裏事情と政治会派と深く関係がある。

帝国議会は、衆議院が第一回議会から自由党と立憲改進党の二大政党が中心となったのに対して、貴族院は非政党主義をとった。とはいえ、すべての議員が個々独立して活動したのではない。『伯爵平田東助傳』が「（貴族院議員といえども）同気相求め同好相近づくは人の情」と記すように、人とはなんらかのグループを作りたがる生き物なのだ。貴族院議員が結成したのは政治会派である。ただし、党首のもと政権奪取を目的とした綱領を掲げる現代の政党とは異なり、貴族院の政治会派はあくまで議員同士が緩く繋がるグループである。貴族院の各会派には指導的な立場を占める議員はいたが、彼らは正式な党首ではなかった。また、貴族院の会派はあくまで同爵位者同士で会派を組むのが基本だ。つまり、議員個人の政治的主張や理念よりも、その議員の爵位が重要だったのである。三島弥太郎は、子爵議員を中心とする会派の研究会で重きをなしていくことになる。

ここで研究会について簡単に紹介しておこう。アジア初の議会開会を控えた明治二三（一八九〇）年七月に第一回貴族院伯子男爵議員の選挙が実施された。同年九月、当選した子爵議員一七名は政務の研究のための会合を開いた。この集会は木曜会と呼ばれるようになる（霞会館編『貴族院と華族』）。その後、同盟会や同志会と名称を変更しつつ、翌明治二四年一一月四日、子爵議員を中心とする研究会が発足した（尚友倶楽部編『研究会政治年表』）。研究会規則第三条には「本会ニ常務委員九名ヲ置ク」とだけあり、他の貴族院会派同様、党首制を採っていない。研究会は明治三〇年代の時点で五〇～八〇名程度を擁する最大の政治会派であったが、議会を重ねるごとに議員数を増やし、明治四四（一九一一）年一二月開会の第二八回帝国議会では、とうとう所属議員数は百の大台を突破した。大正五（一九一六）年一二月開会の第三八回帝国議会では、貴族院議員三七七名中、研究会は一〇六名もの議員を擁する巨大な会派となっている（酒田『貴族院会派一覧』）。さらに、研究会は単に所属議員が多いだけでなく、結束力が強く、法案の採決

に際しては所属議員に決議拘束を強いたので、院内で大きな力を持った。なお、政府に対しては与党でも野党でもなく、政府の政策には是々非々の対応が研究会の原則であった。

　さて、貴族院議員が所属会派を決める際に、なぜ政治的理念よりも爵位が重視されるのか？　それは、七年ごとに行われる伯子男爵議員選挙と深く関係がある。伯子男爵選挙は特定の立候補者が票を争う現在の選挙方式とは大いに異なる。建前は被選挙権を有する伯子男爵の誰しもが選ばれる可能性がある自由互選だったが、実態はそうではなかった。明治二三年の第一回帝国議会開会前には、議員互選制度を無事に運ぶためにあらかじめ人選をしておくか、完全自由意思による選挙にすべきかで伯子男爵位者の間で意見が分かれた（社団法人尚友倶楽部編『研究会史』）。しかし、有力議員を中心としたグループが候補者（＝当選予定者）を事前に調整しておく方式が定着するようになる。もちろん、激しい選挙戦となることも少なからずあったが、投票箱を開けてみなければ、誰に票が集まっているか関係者の間で皆目見当がつかないという性質のものではなかった。

　そうなると、貴族院議員の選挙の際に事前に候補者調整を行うことを目的として、伯子男のそれぞれの爵位者の間で選挙母体なる組織が結成されるようになった。たとえば、明治二五（一八九二）年設立の尚友会は規則第一条に「同志相集マリ智識ヲ交換シ互ニ親睦ヲ厚クスルヲ以テ目的トス」を掲げる、表面上は子爵を中心とした華族の社交団体である。しかし、実質は子爵を主な構成員とする研究会の選挙母体として機能した（社団法人尚友倶楽部編『研究会史』）。政治会派の影響下にある選挙母体を作り、そこから候補者を推薦すれば、選挙後に新議員を自派に勧誘しなくても、帝国議会開会時には自動的に会派に入会してくれるとの利点がある。極論すれば、表向き社交団体の尚友会は会派・研究会の別働組織ないしは下部組織の類いである。

　完全連記記名投票制である貴族院議員選挙は爵位ごとの自主的な管理に委ねられ、委託投票も可能であ

った。また、選挙実施においては罰則規定がないので、どうしても選挙母体を作って組織選挙を遂行する側に有利になるのである。その結果、当選した議員はお世話になった選挙母体と繋がりがある会派に入会することになる。個々の議員が所属する会派は、政治理念ではなく、議員の選出母体、ひいてはおおよそ爵位で決まる理由はここにある。伯子男爵議員は爵位ごとに完全別個の選挙で選ばれるのだから、選挙後は同じ爵位を持ち、同じ母体から推薦を受けた議員が固まりとなって、会派を形成するのは当たり前の話なのである。

では、貴族院議員の選挙では当選者が事前に調整されるので、議員選抜の全過程が平和裏に進んだかといえば、それもまた違う。議員候補者となるために伯・子・男爵それぞれの華族内の裏工作、そして貴族院会派間での議員争奪戦が繰り広げられたからだ。議員ポストを取り合う動機の一つは、やはりカネである（序章参照）。富裕でない一部の伯・子・男爵華族からすれば、議員歳費が魅力的だったことはたしかだ。たとえば、大正四（一九一五）年一月に貴族院議員に当選した清岡長言子爵の場合、本職であった殿掌職の年俸が一四〇〇円であったのに対し、議員歳費はその一五倍近い二〇〇〇円であったという（内藤『貴族院と立憲政治』）。

高貴なる華族様といえども、しょせんは人の子、人の集まりだ。同爵位所持者の間で議員ポストを巡る争いが激しくなると、集団のなかで諍いをうまく調整する顔役になる人物が必要とされるようになる。となると、その人物に政治的磁力が発生する。その結果、同爵位者のなか、そして政治会派のなかに指導的な役割を果たす有力議員が誕生するのは自然の理である。

ここで、貴族院議員が公侯伯子男爵に五分の一ずつ均等に割り振られていないことに注意したい。たとえば、公爵は日本華族の歴史八〇年の間でも一九家しか生まれなかった、選りすぐりの華族である（樋口『第十六代徳川家達』）。単純にまとめれば、公爵の爵位保持者数は最も少なく、侯爵と伯爵も少なめで、一

方、子爵と男爵華族は多い、との大小関係になる。具体的数値を出すと、明治一七（一八八四）年に華族令が制定された七月時点では、公爵一一名、侯爵二四名、伯爵約七〇名、子爵約三二〇名、男爵約七〇名だった。そして、その三年後の明治二〇（一八八七）年五月には、維新や西南戦争の功によって、多くの子爵や男爵が新たに華族に列せられた（小田部『華族』）。

したがって、選挙で選ぶ伯子男爵議員の場合、議席は必然的に子爵と男爵に多く振り分けられた。明治二三年の第一回帝国議会では、自動的に議席が与えられる公爵議員と侯爵議員はそれぞれ一〇名と二一名、伯爵は一四名、男爵は二〇名、子爵はなんと七〇名もの割り当てを持っていた（酒田『貴族院会派一覧』）。その後、日清日露両戦役その他の功労で男爵の爵位を授けられ、華族に叙せられる家が増加した。明治三七（一九〇四）年の第三回伯子男爵議員選挙の当選者は、伯爵一七名、子爵七〇名、男爵五六名との割り振りとなっている（内藤『貴族院』）。

こうして貴族院では子爵と男爵が有爵位者議員の多数を占めることとなった。爵位でいえば、公爵が一番えらく、男爵が一番低いわけだが、一度議場に入ってしまえば、公爵も男爵も採決の際に同じ一票を持つ。実は、貴族院内で子爵や男爵議員を束ねる議員が、貴族院全体でも有力議員となった理由はここにある。貴族院の歴史のなかで、大きな発言力を持った三島弥太郎や青木信光の爵位が子爵、千家尊福が男爵であって、侯爵や伯爵ではなかったのは決して偶然ではない。今も昔も議場では数は力なりだ。

三島弥太郎が初当選した明治三〇（一八九七）年の第二回貴族院の子爵議員選挙は、研究会派と非研究会派の激しい争いとなった（社団法人尚友倶楽部編『研究会史』）。そして、三島は研究会派が推す候補となり無事当選した。ここに、三島が研究会の中心議員となる下地ができた。議員就任後は、その学識と政治力を十二分に発揮して、研究会内で次第に頭角を現していく。やがて三島は子爵議員のリーダーとなり、ひいては貴族院全体での発言力を増していったのである。

●3——三島弥太郎の手紙

国会図書館憲政資料室に「三島弥太郎関係文書」との文書の一群が保管されている。そのなかに若き三島が米国留学時代に日本の家族に宛てた多くの書簡がある。その書簡が現代語訳され、出版されたのが三島義温編『三島弥太郎の手紙』である。二〇歳に満たない当時の若者が、故国よりもはるかに文明が進んだ異国の地で何を感じたのかがうかがい知れる重要な資料である。

ここで農学および昆虫学との観点に絞って、三島の手紙を見ていこう。三島がフィラデルフィア中学校に入学した直後の明治一七（一八八四）年一一月二日付書簡では、高橋新吉領事から経済学や政治学、法律学を学べ、と勧められているが、自身としては農学をやりたいとの決意を語っている。翌一八年一月三日付書簡によると、高橋領事に加え、九鬼隆一駐米公使、学校の教師までもが農学進学に反対していることがわかる。結局周囲の反対を押し切り、同一八年九月にアマースト農科大学に進学したが、明治一九（一八八六）年八月一一日付書簡では、「農学よりももっと重要なことがあるのではないか。政治学を学ぶ友人が羨ましい」と弱音を吐いている。後の貴族院有力政治家といえど、当時は一〇代後半の若者だ。三島が己の進むべき道に対して多々迷いが出てくるのは当然の年頃だろう。

明治二〇（一八八七）年春、アマースト農科大学の三島のクラスでは昆虫学の授業が始まった。同年五月一二日付書簡で「昆虫採集を始めた。今度チョウを捕りに行くのだ」と家族に報告している。このように農学修行に励んでいたが、アマースト農科大学のカリキュラムに不信を抱くようになる。同年一〇月二日付書簡でこう述べる。「農科大学で四年間に学ぶのは基礎の学問だけで、実地のことはあまりしない。農学の土台となる化学、数学、植物学、動物学を主に学び、さらに牧畜、園芸、昆虫、山林なども幅広く履修するが、とても十分ではない。学べば学ぶほど、己の無学さを思い知らされる」。

ようするに三島は、大学のカリキュラムでは広く浅く学ぶだけで、専門知識が習得できないと危機感を抱いていた。私事で恐縮ながら、筆者は大学の学部では理学部生物学科に所属し、大学院で農学研究科に進んだので、三島の不安はある程度共感できる。理学部の場合、魚類生物学を専攻すれば、極論すれば魚のことだけに専念して専門知識を磨けばよい。しかし、農学部となると、いくら昆虫学を専攻したとしても、害虫が食害する作物や農薬側の知識も必須になってくる。また、農学は実用の学問なので、技術の優良性と、農業現場への適用はまた別の話である。たとえば、いくら効果的に害虫をやっつける新しい殺虫剤を完成させたとしても、一〇万円の作物被害を抑えるのに、一〇〇万円の農薬を散布するのは無意味である。農学には経済学の概念も必要なのだ。限られた在学年数では、農学のカリキュラムが広く浅くなるのは、どうしても避けられないのである。

このように専門性が身に付かない己に不安を抱えつつ、三島はある結論にたどり着く。アマースト農科大学を卒業する四か月前の明治二一（一八八八）年二月二六日付書簡で、こう断言した。農科大学でのカリキュラムでは専門性が伸ばせないことを再び指摘した後、「蚕を飼うのも植樹するのも害虫を防除するのも農学である。日本では昆虫学を学んだものが少なく、稲の害虫防除をできるものもいない。昆虫学は我が国にとって緊要の学問である。自分も、牧畜か昆虫か何か一つを二、三年間学んだうえで帰国したい」と結んだ。この昆虫学への熱意は、翌明治二二年の米国再留学時にコーネル大学大学院に入学することで結実したが、病のため途中帰国を余儀なくされたことは前述のとおりだ。

このように三島は、害虫防除研究が我が国にとって必要不可欠との見解に達した。この点は後世の昆虫分類学者の筆者からすればまこと頼もしく思える。一方で、三島書簡からは、彼の昆虫や動物への愛着がほとんど読み取れない点は、筆者にはやや不満である。もちろん書簡は家族への通信であって、日記ではない。よって、家族が興味を持たないことを延々と書き連ねることは避けた、との事情はあるだろう。し

かし、米国で目撃した鳥や哺乳類、昆虫への感動の一つや二つ家族に書き送ってもよさそうなものだ、というのが筆者の偽らざる感想である。とにかく書簡からは三島が生き物好きとの雰囲気が感じられない。三島には米国留学中に英文日記がある。病に苦しむ記述が多いとのことだが、残念ながら尚友倶楽部・季武編『三島弥太郎関係文書』にはこの時期の日記は収録されておらず、筆者は内容を把握できていない。日米の博物館や害虫研究の格差などへの感想が記されているのかどうか、その点は大いに気になっている。

●4――理系思考が垣間見えた馬匹去勢法案

では、三島弥太郎が動物や昆虫の関連法案を扱う議会の場で、いかなる発言をしたかを見ていこう。まず、明治三四（一九〇一）年の第一五回帝国議会で、馬匹去勢法案が提出された。この法案は文字どおり牡馬の去勢に関する法案で、去勢の義務化を定めた。去勢は牡馬の気性を和らげる効果があり、とくに軍馬については、戦地派遣に備えて平時から去勢を施しておく必要がある。たとえば、明治四三（一九一〇）年刊行の菊池正助『軍馬の研究』によれば、菊池所属の騎兵第三連隊は、動員が下令された時に軍馬に不足が生じた。しかたなく徴発馬をもって数だけは揃えたものの、栄養不良や去勢を施していない個体が少なからず混じっており、その後大きな苦労を強いられたそうだ。

第一五回帝国議会に提出された馬匹去勢法案では、種牡馬を除き牡には去勢を施すこと（第一条）、去勢を施せない事情がある個体については猶予が認められること（第二条）、去勢年齢は三歳とすること（第三条）、去勢を拒むものは一〇〇円以下の罰金に処すこと（第七条）などが定められている。三島はこの法案に並々ならぬ関心があったようで、明治三四年二月一三日の同法案第一読会で、政府委員の和田彦次郎（農商務省農務局長）に対し「法案の実施は明治三七年からとのことだが、現在すでにいる馬には去勢を施さず、今日以降に生まれる馬を対象にするということか？」と尋ねている。和田から「そのとおりであ

る」との回答を得て、同法案のこの日の審議は終了した。

同年二月一三日、三島は貴族院にて馬匹去勢法案特別委員会の全九名の委員の一人に選出された。その第一回委員会は明治三四年二月二〇日に開かれた。委員会に出席した政府委員の藤田四郎・農省務省総務長官は冒頭「去勢は馬匹の改良上必要なものである。しかし、民間においては去勢を施すと馬の価格が下落するとの状況が生じており、または飼養者の馬への愛情などもあって、去勢がなかなか定着しない。そこで、政府としては効力ある法律を速やかに制定して、去勢を徹底させたい」と述べた。

委員会ではまず渡邊清男爵が藤田に「日本では馬は何頭飼養されているのか？」と問う。藤田は「牝馬六八万頭、牡馬八六万頭ぐらいである」と回答した。しかし、このやり取りの過程で藤田が詳細な調査書類を委員会に持参していないことがばれてしまった。三島は「従来、政府は軍用馬に去勢を施していたが、それによって扱いやすい軍馬を育てられているのか？」と藤田に問うた。藤田は「もちろん結果は良好である」と答えるも、三島は「ならその詳細な調査書類を閲覧することはできるのか？」とやり返す。書類を持参していない藤田はやむなく「では、後で参考資料として配布する」と約束すると、三島は「なら、その書類の配布を受けるまで委員会は延期だ」と言い放った。他の複数の委員も三島の延期提案に賛同し、第一回委員会は、わずか三〇分でお開きになってしまった。

二月二三日に開かれた第二回の委員会で、三島は第二条の去勢を猶予される例外個体の馬として「学術研究ノ為行政官庁ノ許可ヲ得タルモノ」との文言を挿入せよ、と修正動議を提出した。学術研究のために去勢を施さない牡馬を確保しておく措置である。動議は他の委員の賛成するところとなり、馬匹去勢法案特別委員会は三島の修正案を可決した。

このように馬匹去勢法案は特別委員会を無事通過したが、本会議では反対が根強かった。特別委員会での可決後の三月一八日に再開した第一読会では、田中芳男（第七章参照）が、「日本の馬は頑狂であって扱

いにくいのはたしかだ。しかし、去勢の有無もさることながら、扱う人間側の問題も大きい。この去勢法案だけでは、馬の資質向上は望めない」と法案に批判的姿勢を見せる。谷干城と村田保両議員も明確に法案反対を表明した（注①）。法案反対派議員と推進側の政府委員との間で激しい議論の応酬が続き、最後に三島弥太郎が登壇する。三島は「自分としても去勢法案を出すことは、本当は好まないのだが」と前置きした後、「労役後の馬の体重の減少が、去勢個体の方が非去勢個体よりも少ない」「北清事変における軍馬の統計資料から、去勢個体の病気罹患率は非去勢個体の十分の一にすぎなかった」などの数値データを並べ、「一言（法案に）賛成ノ意味ヲ申述ベマス」と結んだ。三島のこの発言で討議は終了となり、法案は賛成起立者多数で、第二読会へ移ることとなる。もっとも、議会の会期が迫っていることもあり、第二読会、第三読会は実質審議が行われず、形だけの開催となった。結局、同日の三月一八日に馬匹去勢法案は貴族院で可決となった。

　以上が『明治期帝国議會貴族院委員會會議録』『帝国議會貴族院議事速記録』から見た馬匹去勢法案の貴族院可決までの顛末である。三島が貴族院議員に初当選したのは明治三〇（一八九七）年だ。よって、明治三四年のこの第一五議会までに、すでにいくつかの場数を踏んでいるが、それでも今風に言えば初当選組の一年生議員である。にもかかわらず、第一回の特別委員会で「データを示す資料がないなら、会議は延期だ」とけんもほろろに政府委員を突き放しているのは、なかなかの強気に思える。三島は前述したように「アメリカでは」と〝米国出羽守〟の傾向がある。そして、日本軍は欧米諸国と比較すると騎兵部隊の歴史が浅い（鈴木『謎とき日本合戦史』）。ならば、三島としては「アメリカに見習え」と軍馬の育成に寄与する法案に即座に賛成しそうなものだが、法案の中身の審議には慎重な姿勢を見せた。また、三島が去勢施行の例外として「学術研究ノ為行政官庁ノ許可ヲ得タルモノ」を条項に加えたのは、アマースト農科大学で牧畜関連の授業を履修し、学術研究の重要性を認識していたがゆえの発想であったか。最後に、

法案採決の寸前、根強い反対論に対して動物病理学上の統計データから反対論を蹴散らしたことは前述のとおりだ。馬匹去勢法案の可決までの一連の発言から、筆者は科学的証拠を重視する三島の理系思考を読み取る。

●5——呼ばれてもいないのに、蠶病豫防法案の特別委員会にわざわざ出向く

日本の昆虫学に多大な足跡を残した佐々木忠次郎は明治二〇（一八八七）年、蚕の大害虫のカイコノウジバエの生態を解明した英語論文を発表した。明治二八（一八九五）年には『蠶之蛆害』との冊子も著し、カイコノウジバエの予防と駆除法を紹介。また、明治三九（一九〇六）年には、土屋泰が蚕の罹患する病気を詳細に解説した『實驗養蠶法』も刊行されていた。このように明治後半には、蚕の寄生虫や病気に関する知見が相当に蓄積されていた。

『實驗養蠶法』では「蠶病の侵害は養蠶家の最も怖るべきものにして、其被害の多少は養蠶豊凶の岐るゝところ寔に經濟上に重大なる影響を及ぼすものなり」と記されている。稲であれ柑橘であれ牛であれ、農業・牧畜の現場では、単一種の生物の集中飼育を強いられる。となると、重大な病気が一度流行ると、飼養生物の集団に大きな被害が生じるのは自明の理である。蚕もまた同様で、養蚕家は蚕が罹る種々の病気に悩まされてきた。

このような蚕業界の状況のなか、明治三七（一九〇四）年一一月開会の第二一帝国議会で蠶病豫防法案が審議される運びとなった。この時点で、すでに蠶種検査法との法律があったのだが、さらに蚕病予防の効果を高めるために、この法案が提出されたのである。蠶病豫防法案の第一条では、微粒子病、膿病、軟化病、硬化病、蠁蛆病の五つを蚕の病気と指定した。第三条では、蚕種製造者、養蚕者、生糸製造者、生繭売買従事者は、病気となった蚕や蚕に寄生する蛆蠅を殺処分し、また蚕病予防に必要な施設を準備する

こと、第四条では、蚕種製造者に対して蚕室および器具の消毒を命じること、第六条では、規格に合わない蚕種の製造の禁止、第一〇条では、蚕種製造者は蚕の検査を受けなければならないこと、第一四条では、この法律が施行されない土地または海外で製造した蚕種の輸入を禁止すること、第二三条では規定に背いた時は罰金を科す、等が定められた。

同年一二月二八日に貴族院議長により九名の議員が蠶病豫防法案特別委員会委員に指名されたが、昆虫学に十分な知識があるはずの三島は委員に選定されなかった。しかし、翌明治三八年一月二三日に開かれた第一回特別委員会に、三島は本来出席資格がないにもかかわらず「質問意見を申し上げたい」と押しかけて来た。委員長から出席が認められた三島は言う。「第四条で蚕室および器具の消毒を命じているが、蚕病予防に必要な施設を設けることを定めた第三条とは、別の条項になっている。となると、第三条の蚕病予防に必要な施設に『蚕室および器具の消毒』は含まれないと解釈されてしまうのではないか」と。

この発言だけ見ると、三島は言葉遊びをしているようにも取れるが、真意は別にあった。「第三条では消毒の義務が明記されていない。よって、カイコノウジバエの駆除は第三条で十分だろうが、膿病や軟化病などの蚕病の予防をしきれないように思える」と述べた。ようするに、第三条は蚕種製造者、養蚕者、生糸製造者、生繭売買従事者の四者すべてを蚕病予防施設の設置者と定めている。一方、第四条は消毒の義務を負うのを蚕種製造者に限定しているので、これでは伝染病の蔓延を防げないのではないか、養蚕者や生糸製造者には消毒を義務付けなくてよいのか、と懸念を表明したのである。政府委員の酒匂常明（農商務省農務局長）は「消毒を徹底したいが、養蚕農家にまで法律で消毒を強制すると、彼らの気勢をくじきかねない。農家に対しては消毒の誘導奨励にとどめたい」と答えた。三島は「最初から養蚕家が蒸気消毒やホルマリン消毒を実施するのは難しいだろうが、簡単な消毒は追々やっていくべきだ」と引き下がらない。そして、酒匂から「もちろん養蚕家にも消毒の実施を大いに奨励するつもりである」との回答を引

き出した。一応、ここで納得したかに見えた三島だが、会議の後の方になっても「蚕種製造者が蚕室および器具の消毒をするとの第四条は削除してもよいのではないか」と蒸し返している。蚕種製造者、養蚕者、生糸製造者、生繭売買従事者のすべてが蚕病予防の設備を設けるとする第三条を適用することで、何が何でも蚕業関係者全体に消毒を義務化させたかったらしい。

このほか、三島は特別委員会委員でないにもかかわらず、「法案では府県は蚕病予防のために必要な吏員を置くとあるが、十分な効力のためには多大な予算がいる。その費用は負担できるのか？　また、予算不足で吏員が不足すると、蚕病の予防ができないのではないか」「法律違反をした時の罰金が高すぎるのではないか。養蚕家が蚕を飼うのは面倒だと考え、蚕業の衰退を招くのではないか」などなど、しつこく法案の問題を取り上げている。また、政府委員の酒匂に対して「微粒子病、軟化病、硬化病で死亡する蚕の個体数の統計はあるのか？」とも問うている。三島のこういった科学データの重視の姿勢は、4節で述べた馬匹去勢法案の特別委員会のときと同じである。この日私見を十分言い尽したと満足したか、翌日の二四日に開かれた第二回委員会には出席しなかった。結局、蠶病豫防法案は第二回委員会にて可決された。

以上、三島は呼ばれてもいないくせに、蚕の病気を予防する法案の特別委員会で、多々まくし立てたわけである。実は「三島弥太郎関係文書」には、岐阜県の在野の昆虫学者の名和靖（第九章）から送付された「天蠶絲輸入額」（明治一七～二六年）との資料が残されている。また、米国留学中に家族に「蚕を飼うのも農学だ」と書き送ったことがあることはすでに述べた。三島の養蚕業への並々ならぬ関心、そして相応の知識があったことがうかがえよう。三島は死去前年に大日本蚕絲会より一等有効章を贈与されており、蚕業とは縁が深かったのである。

●6――虫好きではあるが、具体的なエピソードを欠く

牛島秀彦氏は三島弥太郎を「異色の昆虫学博士」と形容した（牛島「三島彌太郎」）。牛島氏は三島の昆虫愛について何か具体的な逸話を紹介しているわけではない。しかし、同時代の人々はたしかに三島を虫好き華族と認識していた。たとえば、当時の昆虫学雑誌の『昆蟲世界』上で、「三島子なども皆蟲好きでは錚々たるもの」と評されたことがある（六巻五六号）。また、明治三九（一九〇六）年六月一九日付東京朝日新聞は、「人と蟲」との連載記事で、三島弥太郎を取り上げている。さらに、大正七（一九一八）年八月一日付東京毎日新聞は、鳴く虫を愛好する華族の一人として三島の名を記した（拙文「鳴く蟲の近代文化昆蟲學」）。

三島が自宅でスズムシなりマツムシなりを飼育していたのは事実だろう。ただ、筆者としては、三島を虫好きの有力政治家としてしつこく宣伝することに多少の躊躇いがある。米国留学中、家族へ送った手紙に生き物全般の記述がほとんどないことは3節で述べたが、帰国後に記した日記にも「縁日で虫を買った」「虫屋が自宅に虫を売りに来たのでスズムシ五匹を買い上げた」等の記述が一切見られないのである。彼の日記には「トコロテンを食す」（明治三一年八月二一日付）との類いの日常の些細な出来事が記されているにもかかわらず、である。少なくとも、現代に伝わった日記からは、三島の昆虫愛は読み取れない。

どうやら三島は和歌、紙工作、囲碁、薩摩琵琶、犬の飼育などなど、多趣味ではあっても、一つの趣味に没頭するタイプではなかったらしい。三島の死去を報じた新聞は「何等の趣味も道楽も有たぬ人」との知人の逸話を掲載しているし（大正八年三月八日付東京朝日新聞）、『子爵三島彌太郎傳』も「趣味を有しては居たが、何事にも沈溺して深入りする人ではなかつた」と記す。三島はたしかに虫好きであっただろうが、その具体的なエピソードに乏しいのは否めない事実である。

●7――裏方として害獣防除研究を支援

明治三九（一九〇六）年一二月二八日開会の第二三回帝国議会。三島弥太郎は帝國大學特別會計法案外一件の特別委員会委員に選ばれた。三島は委員会の場で「帝国大学の歳出は議会の協賛を経るとのことだが、急に良い本が売りに出たら、大学側はすぐにでも買わねばならぬという状況が生じることもあるだろう」と発言している。一見重箱の隅を突くような発言にも思える。しかし、貴重な文献はすぐに購入しないと、未来永劫入手できないとの昆虫分類学の世界に生きている筆者には、三島の懸念が十二分に理解できる。こういった発想は学術にそれなりに精通していないと中々生まれないものである。このように議会の場でも時折学者としての片鱗を見せた。

しかし、米国留学で修めた昆虫学の知識が議員活動に生かされることはあまりなかった。帝国議会の場で、益虫や害虫が直接絡む案件で質疑を繰り返したのは、5節で述べた蠶病豫防法案の特別委員会のときのみである。三島は明治三一（一八九八）年の第一三回帝国議会で請願委員会委員となるも、その後の帝国議会では予算委員会委員を歴任した。財政通と認められていたからであるが、「雑多な案件を扱う請願委員会内での学者議員の発言を拾う」ことに面白みを感じる筆者からすれば、はなはだ不都合ではある（序章参照）。請願委員会と予算委員会はともに常任委員会なので、議会において同一議員の両委員会の兼任はありえないからである。仮に三島が請願委員会委員であったならば、国立研究施設の充実を求める請願に対して、彼はいかなる見解を披露したであろうか。

「蟲好きでは錚々たるもの」と称されるも、米国で昆虫学を専門的に学ぶとの決意は、病により断念せざるをえなかった三島弥太郎。彼は、大日本農会の役員を長く務めたが、害虫防除研究の最前線に立つことはなかった。しかし、政界の有力者となった三島は、別の方法で我が国の昆虫学への寄与を模索するよ

うになる。明治三九年一二月、岐阜県の民間昆虫研究施設の名和昆虫研究所を支援する「名和昆虫研究所維持会」が設立された。会員から金銭や物品の寄付を募り、それを管理する組織である。そして、その設立時、三島は松方正義や大隈重信、渋沢栄一など、政財界の重鎮とともに会の設立賛同者になっている（『名和靖日記』）。また、大正四（一九一五）年一〇月、財団法人化した名和昆虫研究所が基本金を募集した際、日銀総裁だった三島は、徳川家達公爵や松平康荘侯爵ら華族界の重鎮とともに賛成者に名を連ねた（『財團法人名和昆蟲研究所概覧』）。三島自身も名和昆虫研究所にそれ相応の資金を提供したはずである。名和昆虫研究所の有力支援者の一人であった点は、第九章でも触れることとしよう。このように三島は日本の害虫防除研究を裏から支える道を選んだ。彼は米国留学中に持つに至った「昆虫学は我が国にとって緊要の学問である」との信念を終生失うことはなかったのである。

第二章　帝国議会に籍を置くのが遅すぎた鳥類学者——黒田長禮

鷹司信輔、山階芳麿、蜂須賀正氏、松平頼孝。日本の近代鳥類学の発展は高貴なる家柄の華族に負うところが大きかった。その一角を担ったのが黒田長禮（一八八九—一九七八）である。カンムリツクシガモを発見した鳥類学者として名高い黒田長禮は、旧福岡藩主の黒田侯爵家の生まれ。福岡県といえば、奥保鞏、明石元二郎、杉山元、香椎浩平、伊藤整一、長勇などなど、著名な軍人を多く輩出した尚武の地だ。そのせいか、鳥類を愛する黒田長禮は軟弱に見えたらしく、荒っぽい旧福岡藩士からは敬遠されたという（秦『昭和史の軍人たち』）。

黒田の研究対象は鳥類だけでなく、哺乳類にも及んだ。研究業績から見て、黒田は動物学者としては文句なく一流の部類に入るだろう。カンムリツクシガモのほか、クロウミツバメ、ヨナクニカラスバト、シマキジ、ツシマコゲラなどの多くの鳥類の新種や亜種を発表した。哺乳類でも、キュウシュウモグラ、オリイオオコウモリ、ヤクシマザル、チシマシマリスなどの新種・亜種を記載している。息子の黒田長久のリストによれば、黒田長禮は鳥類一〇二種そして哺乳類七二種もの数の新種や亜種を発見した（注①）。長禮は多数の論文を発表したこともさることながら、『鳥類原色大図説』『雁と鴨』『原色日本哺乳類図説』などの図鑑類も多く世に送り出した。ただ、黒田が鳥類の研究を開始した時代には、日本の鳥相はだいたい解明されており、新種として発表した鳥類はわずかに四種である。よって、黒田が命名した大部分

の動物は、種よりも下の亜種である（柿澤「黒田長禮」）。

ただし、黒田が発見し、新種や亜種として命名した動物すべてが今も図鑑に載っているわけではない。専門的な分類学の話になるが、国際動物命名規約により、一種の動物に対応する学名は一つに限られる。ここで、仮にある鳥類がＡという学名を持っていたとしよう。後に別の研究者がこの鳥を新種と勘違いして、Ｂとの別名を与えてしまったとする。この場合、この鳥類の学名として図鑑や論文中で使用されるのはＡの方である。命名規約には先取権というルールがあり、先に付けられたＡの方が適格とされるからだ。そして、後発のＢとの名前はシノニム（同物異名）と呼ばれることになる。日常用語で言うなら「その命名行為は無意味でした」との扱いを受ける。分類学の業界では「Ｂとの学名はシノニムで消された」と形容する。また、発見当時は新種とされていたものが、後世の研究者によって種よりも下の亜種に降格されることもある。

分類学を長くやっていると、自分が記載した種ないしは亜種が余人によってシノニムにされてしまうことは珍しくない。筆者とて、そのような経験はある。ただ、あまりに多くの新種がシノニムで消されると、分類学者としては仕事が雑との印象を持たれるので、やはり恥ずかしい。結果論ではあるが、黒田の分類は〝雑〟だったことは否めない。たとえば、黒田が新種として命名した鳥類四種のうち、現在も種として扱われているのはカンムリツクシガモとミヤコショウビンだけである（柿澤「黒田長禮」）。しかも、ミヤコショウビンはすでに絶滅しているうえに、そもそも生き物としての実在性が疑問視されているから（森岡「ヤンバルクイナとミヤコショウビン」）（注②）、実質的にはカンムリツクシガモただ一種ということになる。

さらに黒田が亜種として記載したキュウシュウモグラは、今は独立の亜種とはされておらず、キュウシュウモグラなる名前は、現在刊行されている図鑑類には掲載されていない（たとえば、阿部『日本の哺乳

類』）。また、黒田のハツカネズミ類に関する分類学的研究の成果も、後にその多くが誤りとされてしまった（金子『ネズミの分類学』）。一方で、黒田が亜種として記載したオリイオオコウモリ、ヤエヤマオオコウモリ、ダイトウオオコウモリは今も独立亜種としての地位を保っている（前田『日本コウモリ研究誌』）。

黒田の分類学的研究の解説はこれぐらいにしておこう。一流の動物学者の黒田は侯爵家の長男である以上、爵位を継いだ時点で、好む好まざるにかかわらず貴族院議員とされた（序章参照）。黒田といえども、毎日鳥類を追いかけているわけにはいかないのだ。彼の父の長成もまた貴族院議員であり、貴族院副議長も務めた経験がある。では、本書の主要テーマである貴族院議員としての黒田長禮はいかに評価すべきであろうか。まずは経歴から見ていくこととしよう。

●1――鳥類学者黒田の略歴

一九九〇年の『科学朝日』で「殿様生物学の系譜」と題した華族学者たちの小伝が連載された。黒田長禮については山階鳥類研究所資料室長の柿澤亮三氏が執筆を担当したが、同氏は黒田のカンムリツクシガモの発見の経緯に多くの頁を割いたため、経歴については詳細を欠く。

昭和二四（一九四九）年、同じ華族鳥類学者である蜂須賀正氏は、雑誌『鳥』に同年までの黒田の経歴を紹介した。本章ではこれを参考に主な箇所を抜粋してみた。黒田長禮は明治二二（一八八九）年、長成の長男として東京市に生まれた。長禮は若いころから動物、とくに鳥類に深い興味を持ち、明治四五（一九一二）年三月、学習院高等科を卒業。同年、日本鳥学会発起人ならびに評議員となった。大正四（一九一五）年、東京帝国大学理科大学動物学科を卒業した。その後も、数々の論文を発表し続け、大正一三（一九二四）年、東京帝国大学より理学博士の学位を授与された。日本鳥学会、台湾博物学会、米国鳥学協会など、国内外の動物学関連の学会に名を連ねた黒田は、昭和三（一九二八）年、半年外遊の旅に出て、

欧州諸国を回って、各地で鳥類を観察した。翌昭和四年には、第四回汎太平洋学術会議日本代表としてジャワ島に出張し、インドネシア各地で鳥類を採集した。昭和一四（一九三九）年、襲爵によって侯爵となり、貴族院に籍を置くこととなる。昭和二〇（一九四五）年の敗戦後、日本国憲法の施行で華族の地位を失った黒田であったが、なおも鳥類学および哺乳類学の学界の重鎮であり続けた。昭和二二（一九四七）年には、日本鳥学会の第四代会頭に就任した。そして、昭和五三（一九七八）年、黒田は八八歳で天寿を全うする。長禮の長男で、同じく鳥類学者の黒田長久もまた父の経歴を書き記しているが、おおよその内容は蜂須賀正氏が記した報文と同じなので割愛させていただこう。以上が、黒田長禮の略歴である。

●2――華族履歴に見る経歴

黒田は生涯動物学者の生き方を貫いた。ただし、蜂須賀正氏と黒田長久の手による黒田長禮の略歴は、彼ら自身が鳥類学者であるがゆえに、動物学関連の事績に偏りすぎている。ここで宮内省書陵部公文書館所蔵の『華族履歴』から、黒田の公職を中心とした主要略歴を箇条書きで書き出してみた。

明治二二年一一月二四日　生
明治四二年一一月三〇日　叙従五位
明治四五年四月二日　學習院高等學科卒業
大正四年七月　東京帝國大學理科大學動物学科卒業
同年一二月一〇日　叙正五位
大正九年二月一八日　史蹟名勝天然記念物調査會考査委員被仰付
大正一〇年一一月一四日　任主獵官
昭和五年三月四日　任式部官兼主獵官
昭和八年一二月二八日　叙正四位
昭和一二年三月一八日　式部職御用掛被仰付
昭和一四年一〇月二日　襲爵仰付
同日　貴族院議員ニ就職

昭和一五年五月一五日　勅任官ヲ以テ待遇セラル
同日　依願式部職御用掛被免
昭和一五年五月二〇日　叙従三位
昭和一六年一月一三日　昭和一六年歌會始讀師控被仰付
昭和一七年一月一二日　昭和一七年歌會始讀師控被仰付
同年六月一〇日　逓信省委員被仰付
昭和一八年七月一日　逓信省委員被仰付

『華族履歴』に記された黒田の略歴は昭和一八（一九四三）年七月をもって終わっている。1節で紹介した蜂須賀正氏が『鳥』に記した「黒田會頭の略歴」と比較すると、若干の相違が見られる箇所がある。大変細かくて恐縮だが、蜂須賀によれば黒田長禮の学習院高等科卒業は明治四五（一九一二）年三月となっているが、『華族履歴』には四月二日とある。次に、蜂須賀によると大正八（一九一九）年一一月に史蹟名勝天然記念物調査會考査員とあるのに対して、『華族履歴』では大正九（一九二〇）年二月一八日に史蹟名勝天然記念物調査會考査委員を仰せつけ、となっている。

前述のような細かい相違点は置いておく。蜂須賀「黒田會頭の略歴」と『華族履歴』を突き合わせると、黒田は動物学関連の多くの学会や協会の役員に名を連ねたものの、公職となると貴族院議員のほかは名誉職に近い職歴が散見するだけであることがわかる。貴族院の侯爵議員は議員歳費ゼロであるから、戦前期の黒田は、給与を得る仕事とはあまり縁がなかった。さすがは江戸時代五〇万石の大藩の藩主であった黒田侯爵家といったところか。長禮はカネ稼ぎにあくせくすることなく、鳥類学に没頭できる大変恵まれた地位にあったことが、『華族履歴』からうかがえるのである。

●3――黒田が会った〝高千穂宮司〟とは誰のことか？

本書の目的である貴族院議員時代について考察する前に、余談を一つ語っておこう。鳥類学や哺乳類学の論文や専門書籍を多数出版した黒田であるが、随筆や回顧談の類いはあまり残していない。数少ない一般向け書籍が一九五八年に出版された『旅と鳥：鳥とともに六十年』である。

その『旅と鳥』のなかの回顧談によると、鳥類調査のため福岡県英彦山を訪れた。黒田は記憶が曖昧だったせいか、英彦山に登ったその年代を記していない。英彦山でエゾビタキの繁殖を確認し、また英彦山神社（現在の英彦山神宮）で〝高千穂宮司〟と会い、キュウシュウモモンガの写真を見せてもらった、との思い出を記している。そして「高千穂氏はタカチホヘビやヤイロチョウの発見に尽力された方で、動物に一方ならぬ興味を持っておられた」と述べている。

黒田の回想談に出てくる英彦山調査は大正七（一九一八）年と思われる。というのも、英彦山神宮所蔵『社務日誌』に同年九月五日に黒田が神社に訪れたことが記録されているからだ。『社務日誌』は黒田の英彦山来訪目的を「昆虫採集ノタメ也」と記すが、これは神社側の勘違いだろう。同神社宮司の高千穂宣麿が昆虫学者だったため、黒田が「動物類調査に来た」と言ったのを、神社側は「はいはい、虫捕りに来られたのですね」と勝手に思い込んだに違いない。また、黒田は翌大正八年『動物學雑誌』にて発表した「九州より始めて知らるる鳥類」との論文中で「本種（エゾビタキ）は明に英彦山にて蕃殖する如し」と述べている。つまり、前述の「英彦山でエゾビタキの繁殖を確認した」との回想と完全に一致している。となると、黒田が〝高千穂宮司〟と会ったのは、大正七年とほぼ断定してよい。

タカチホヘビやヤイロチョウを発見したのは高千穂宣麿である（第六章参照）。問題は、その宣麿は明治四〇（一九〇七）年に宮司を辞めている、との動かしがたい事実である。だからといって、黒田は英彦山

で前宮司の宣麿に会ったのだろう、前宮司と現宮司を単純に取り違えただけだろう、とも決めつけられない。というのも、大正七年九月時点で、宣麿は東京にいたと推察されるからである（拙文「博物學者高千穂宣麿先生小傳」）。では、黒田が英彦山神社で会った〝高千穂宮司〟とは一体誰のことか？

黒田が会った〝高千穂宮司〟とは、宣麿の息子で当時宮司職にあった高千穂俊麿だった、と筆者は考える。いうまでもなくタカチホヘビやヤイロチョウの発見に貢献したのは宣麿の方であるが、その点は黒田が勘違い、もしくは『旅と鳥』を記す際に、単純に書き間違えた可能性がある。筆者がこう考えるのは、現在の九州大学農学部附属彦山生物学実験施設には昭和二四（一九四九）年に捕獲され、「T. Takachiho leg.」、つまり「高千穂俊麿」との採集者名が記されたキツネやキュウシュウモグラの剝製標本が残されているからである（図2－1）。このことから父の宣麿ほどではないにせよ、俊麿も哺乳類に関心があったことがわかる。となると、高千穂俊麿が黒田長禮にモモンガの写真を見せたとしても決して不自然な話ではない（注③）。

図2-1　T. Takachiho との採集者名が入るキツネの剝製（九州大学農学部附属彦山生物学実験施設所蔵）

●4――父長成とはあえて別の会派に所属す

昭和一四（一九三九）年八月一四日、黒田長成侯爵が死去した。長男の長禮は翌々月の一〇月二日に父の爵位だった侯爵を襲爵するとともに、貴族院議員となった。序章で述べたように、二五歳以上の侯爵は自動的に貴族院に籍を置く。黒田は強制的に給料ゼロの議員にならされたのだが、蜂須賀正氏が記した「黒田會頭の略歴」および『華族履歴』とも「昭和一四年貴族院議員に就職」と書かれて

いる。現代人の感覚からすれば、なりたいわけでもないボランティアなのに「就職」との文言で形容されるのは何とも奇妙に思える。当時の用法だったのだろう。

黒田長禮は議員となると、貴族院の政治会派の火曜会に入会した。一方、父の長成は研究会所属だったので、長禮は父の会派を受け継がなかったことになる。火曜会とは、昭和二（一九二七）年に近衛文麿らが中心となって結成された会派である（古川『近衛文麿』）。火曜会は公侯爵の世襲議員で構成され、議会には厳正公平で臨み、また一人一党主義を採った。よって、所属議員は採決の際に党議拘束を受けることはなく、この点で拘束主義を採る研究会とは大きく異なっていた。そのため、研究会と火曜会は議会の場で反目していた（霞会館編『貴族院と華族』）。

黒田長禮に政治的野心があったとは思えない。その黒田があえて父の所属会派とは仲が悪い火曜会に入会したのは、一人一党主義の火曜会に所属することで、政治とは極力関わりたくなかったがゆえかもしれない。また、当時、公侯爵議員のほとんどは火曜会所属であり、ノンポリの黒田も格別政治的判断をすることなく、自然に同会に入ったとも思える。さらに、昭和一四年時点で、火曜会には鷹司信輔、蜂須賀正氏、山階芳麿の鳥類学者仲間が加入しており、黒田もまた彼らに追随しただけとも考えられよう。

●5――帝国議会では徹底して口を閉ざす

帝国議会は臨時会を別にして、通常一二月下旬が開会日である。昭和一四年（一九三九）一〇月に貴族院に籍を置いた黒田は、その二か月後の一二月二六日開会の第七五回より議員活動を開始した。黒田はこのときすでに四九歳。新人議員ではあるが年齢的に、また博士号をも持つ黒田は貫禄十分とみなされたか、デビュー議会でいきなり「東北興行株式會社法中改正法律案外一件」特別委員会の委員長に選ばれてしまう。法案の中身は動物学とはまったく関係のない代物なので詳細な説明を省くが、電力会社の社債の発行

拡張に関連する改正案である。

第一回特別委員会は昭和一五（一九四〇）年三月一二日、第二回は翌一三日に開かれた。第二回委員会では、委員長の黒田自身も政府委員の宇都宮孝平（内閣東北局長）に法案の中身につき質問をしている。委員会の議事の流れを見たところ、黒田はそつなく議事進行役を務めたようである。改正法律案は第二回の委員会で可決となった。

特別委員会の委員長はこれでお役御免ではない。委員会における審議とその結果を本会議で報告しなければならないのである。同年三月一六日、貴族院本会議で登壇し、特別委員会報告を行った。本議会ではとくに反対意見も出ず、形式的な第二読会、第三読会を経て、改正法案は可決となった。また、木炭需給調節特別會計法案特別委員会の委員に選ばれ、この委員会でも政府委員の土屋正三（農林省農務局長）に質問している。

このように最初の議会となった第七五回帝国議会では、黒田は真面目に議員活動に取り組んだ。しかし、早くも議会に疲れたか飽きたか、第七六回帝国議会以降、議会の場でほぼ口をつぐむようになる。その後黒田は昭和一七（一九四二）年一二月二六日開会の第八一回帝国議会で請願委員会委員に選出された。この請願委員会ではいくつかの発言が記録されているが、請願委員会は終始口を閉ざすことはできない委員会なので、いわばやむなく口を開いたものだ。その理由については、第三章の蜂須賀正氏のところで詳しく解説することにしよう。何はともあれ、このときの委員会における黒田の発言は、鉄道に関する請願がほとんどだったので、本書で紹介する必要もないだろう。

そして、第八二回帝国議会以降、黒田はほぼ本議会で登壇することもなく、委員会で見識を述べることもなく、ベンチウォーマーのまま大東亜戦争終戦を迎えることになる。ただし、終戦まで真面目に委員会に出席し続けた。各種委員会の議事録を見ると、戦前の議会では、数回程度の欠席を除いて発言はしない

ものの、きちんと出席して、その場に座っていたことがわかる。この点、議会のサボリ癖が強かった蜂須賀正氏とは大きく異なる（第三章参照）。

●6——トンボ採集禁止を求める珍請願

大正一一（一九二二）年、動物愛護の思想から過激に昆虫採集を批判し、名物男と呼ばれたお爺さんが出現した。このお爺さんは新潟県の資産家の内藤某といい、上京して農商務省、内務省、首相秘書官に押しかけ、蜻蛉保護法令を出すようにと陳情した（同年八月三日付読売新聞）。この当時の農商務大臣の荒井賢太郎は「お爺さん本人曰く」、若い頃このお爺さんの生家で筆生をしていたそうで、そのつてで農商務省に働きかけたという。このお爺さんは新聞記者の取材に対し「自分の陳情に対して農商務省は目下調査中と答えた。また、内務省は自分の主旨に賛同し、いずれ地方長官にトンボ保護の通牒を発すると約束した」と意気揚々だったらしいが、どう考えてもおかしい。役所がそう簡単に国民の要望に言質を取られるような回答をするだろうか？　陳情を受けた部署は「はいはい。たしかにトンボは益虫だから大事ですよね」と適当にあしらったのを、お爺さんが勝手に自己流の解釈をしただけではないか（拙文「近代文化蜻蛉学」）。また、昭和一六（一九四一）年の読売新聞には「トンボは蚊や害虫を食べてくれる益虫である。夏の市中にはトンボ捕りの少年たちが多くみられるが、親御さんや国民学校の先生は子供がトンボを捕らぬよう指導すべきだ」との投書が載った（同年七月二六日付同紙）。

このように、戦前の日本に益虫のトンボ捕るべからずとの風潮があったのはたしかだ。もっとも、学校や家庭での指導に止まらず、国の法律による採集禁止にまで踏み込む新潟の名物爺さんの要請は、筆者は笑い話とばかり思っていた。しかし、帝国議会にトンボ採集禁止法案が請願されていたことがわかった。

第八一回帝国議会開会時の昭和一八（一九四三）年二月八日、請願委員会第一分科会で、愛媛県の井上

鹿市の請願が審査された。その請願の内容は、トンボは農業上の益虫であるにもかかわらず、児童が捕殺している。戦時下の現在、食糧増産は必須だし、トンボの殺傷は思想教育上の問題もある。この際、トンボの捕獲禁止令を定めて、トンボ保護を図るべきである。ドイツでも似たような事例がある、というものだ。このドイツ云々とは、ナチス・ドイツが政権獲得後に動物愛護、自然保護に関連した法律を制定していたことを念頭に置いたものだろう（西村「ナチス・ドイツの動物保護法と自然保護法」）。

この日の請願委員会には説明員として呼ばれていた農林技師の森肆郎は「トンボが益虫であることは間違いなく、その保護の必要性には同意する。しかし採集禁止を法律で定めることは、児童に罪が及ぶ恐れがある。国民学校で益虫保護の教育を徹底すればよい。法令によるトンボの採集禁止は将来の問題として研究考慮したい」と至極常識的な見解を示した。他の請願委員からは取り立てて意見もなく、井上鹿市の請願は審査未了とすべしとされた。ようするに採択適当とは判断されなかったのだ。

請願委員会の委員は、いくつかの分科会に分かれて請願の審査を担当する。この議会で黒田は請願委員会第三分科会所属であり、前述の第一分科会でのやり取りの際には同席していない。井上の請願は、同年二月一二日に開かれた請願委員会の全体の会合で再び取り上げられた。第一分科会主査の土岐章子爵は、「トンボの保護は重要であるが、法律で採集を禁止するまでもなく、教育方面からの思想徹底で十分である。よって、採択することなく審査未了とした」との分科会報告を行った。結局、この全体の請願委員会でもとくに意見は出ず、トンボ採集禁止請願は審査未了となることが最終決定した。

黒田はこの二月一二日の全体の請願委員会には出席していた。黒田ほどの学識の持ち主であれば、トンボが農業上の益虫であることは初歩の初歩であったであろうし、一方で、法律でトンボの採集を禁止するのはあまりに非現実的と承知していたはずである。しかし、あまりにも常識的な委員会判断であったせいか、黒田は別途補足解説することもなく、無言を貫いた。この点はやや残念である（注④）。

●7――国立公園設置を求める請願に見解示さず

時は同じく昭和一八（一九四三）年の第八一回帝国議会の請願委員会の全体の委員会。三月五日、第二分科会主査の竹内可吉は、請願「金剛山、高野山國立公園設立の件」の分科会報告を行った。竹内は「金剛山一帯は、南朝や楠木正成ゆかりの史蹟が多く、また自然が豊かである。国民精神昂揚のためにも同地域を国立公園にすべきとの請願は採択すべきとの分科会結論になった」と説明した。6節で述べたように、黒田は第三分科会所属なので、この第二分科会の審査の場にいなかった。しかし、この日の全体の委員会には出席義務があるのだから、「この金剛山一帯にはあれそれという希少な鳥類が生息しておりまして、同地を国立公園とするには妥当であるかと……」と、今こそ鳥類学者の黒田長禮の出番到来である。しかし、巡り合わせが悪いのか、この日黒田は珍しく委員会を欠席している。偉大なる鳥類学者殿は、肝心なときに議会にいないのである。

同年三月二二日の請願委員会で、今度は「三重縣志摩郡一圓及渡會郡ノ一部國立公園設置ノ件」の採否が審査された。第二分科会主査の竹内は「五日の請願委員会で、金剛山および高野山の国立公園設置の請願を採択した以上、第二分科会では、これも同様の措置をとるのが好ましいと判断した」と簡単な報告を行った。請願委員会ではとくに意見も出ず、この請願は採択となった。

さて、この「三重縣志摩郡一圓及渡會郡ノ一部國立公園設置ノ件」が取り上げられた二二日の委員会では、黒田は出席していた。しかし、やはり国立公園設置の是非について何も発言していない。そもそも、この案件は第二分科会で採択との審査結果が出ており、全体の請願委員会でも異論は出なさそうな雰囲気である。ならば、黒田としては別に積極的に賛成意見を述べる必要もない……。たしかにそうなのだが、やはり後世の分類学者からすれば、ここで黒田に国立公園での鳥類保護の重要性について熱く語って欲し

い場面なのである。

もっとも、鳥類学者なのだから、鳥類保護に繋がる国立公園の設置に積極的なはずだ、との現在の通念は、必ずしも当てはまらないことに留意する必要がある。たとえば、少なくとも議会の場では鷹司信輔が国立公園設置を強く推進した形跡はない（第五章）。また、博物学者の高千穂宣麿は国立公園の誘致を利権獲得運動の一つとみなして警戒していた（第六章）。議会議事録からは、黒田が国立公園設置に対して、いかなる考えを持っていたかを読み取ることはできなかった。

●8――原爆をめぐる請願：戦後帝国議会での態度

議会でろくに発言もせず、ただただ議場の椅子を温めているだけの黒田長禮だったが、少数の例外を除いて、委員会の出席だけは几帳面に続けていた。しかし、そんな黒田も昭和二〇（一九四五）八月の敗戦を機に、大きく態度を変えることとなる。帝国議会は日本の無条件降伏によって即時に消滅したわけではない。貴族院は日本国憲法が施行される昭和二二（一九四七）年五月三日の約一か月前まで存在し続けた。敗戦後、辞職する貴族院議員が相次ぐなか、黒田は貴族院にとどまった。その代わりに、議会に姿を現さなくなったのである（注⑤）。たとえば、昭和二〇年一一月二七日開会の第八九回帝国議会で、黒田は請願委員会に選出されたが、三回あった委員会はすべて欠席した。また、昭和二一（一九四六）年六月二〇日開会の第九〇回帝国議会では、再び請願委員となったが、全八回開かれた委員会のうち、出席したのはたった二回である。

第九〇回議会の請願委員会では、黒田は第四分科会に所属した。おそらく、この第四分科会における発言が、戦後帝国議会におけるほぼ唯一のものである。多々思うところがあるので、以下詳細に見ていこう。

昭和二一年八月二〇日の第四分科会で、黒田は分科会主査の北小路三郎子爵から請願「廣島市及長崎市

ノ復興ニ關スル件」の説明を求められた。請願にある広島市の税収状況を示す数字を列挙し、「同市の財政は非常に厳しいので、復興がままならない。また、長崎市は経済や文化、産業、学術などの面で西日本の中心都市であり、復興の実現が重要である」と、黒田は説明した。ようするに、原爆で甚大な被害を受けた両都市に、一層の財政補助を国に求める請願である。政府委員の重田忠保（戦災復興院次長）にも、「一応当局の御意見をうかがいたい」と見解を求めた。重田は「広島と長崎の惨状は政府としても十分に承知している。復興費用の補助率をこの両市だけ上げるのは難しいが、できるかぎりのことはしたい」と無難な回答にとどめた。これ以後、第四分科会所属の高崎弓彦男爵、山地土佐太郎、斯波正夫男爵らの委員が、政府の対応や両市の財政状況などの質問を矢継ぎ早に重田政府委員に浴びせ、議論は伯仲した。しかし、黒田は途中「内務省にも問い合わせたらどうか」「両市の復興にはどれくらいの時間がかかりそうか」との手短な質問を政府委員にしただけで、ほぼ口を閉ざしていた。最終的にこの原爆復興の請願は「議院の会議に付すべきもの」、つまり採択の方向で行く、との審査結果になった。

　一介の議員にすぎない黒田に戦争責任はない。そんなことはわかりきっている。また、広島・長崎への特別な援助を求める請願は、黒田は説明担当者になっただけであり、彼がこの請願を採択させる特別な義務を負っているわけでもない。終戦の混乱冷めやらぬ当時、米軍占領下の日本政府に何ほどのことができようか。しかし、それらを差し引いても、議事速記録を見るかぎり、黒田は原爆による両市の惨状に対してあまりにも無関心である、他人事のようである、少しは被爆都市に寄り添う姿勢を見せられないのか、とのいら立ちを筆者は隠せないのである。この昭和二一年、黒田は山階鳥類研究所の評議員になっているし、『日本鳥學會會報』に二本の短報を載せている。原爆で肉親を失った人々の間からは「鳥には熱心なんですね」との嫌味の一つが出てきてもおかしくはないだろう。

　第九一回および最後の帝国議会となった第九二回議会でも、いくつかの特別委員会委員に選出されたが、

相も変わらず出席はするが発言することはなく、その貴族院議員生活に終止符を打った。

●9――貴族院入りは遅すぎたか

以上、貴族院議員との観点に重きを置いて、黒田の経歴の追跡を試みた。議会でほとんど発言しなかったことは繰り返し述べてきた。現在の価値観から判断するなら、黒田長禮は国会議員としては落第と評価せざるをえない。好きで貴族院に籍を置いているのではない侯爵議員としては、消極的な議員活動はやむなしと思えるところはある。一方で、特権階級に生まれた以上、それ相応の義務を負うのは当然、つべこべ言わず真面目に議員をやれ、との考えもあるだろう。なお、落第議員としての評価は、次章の蜂須賀正氏にも当てはまる。

では、動物学者議員として見た場合はどうか。黒田が動物学の発展や研究機関設立に絡む鋭い見識を議会で示したか、と問われれば、それも答えはノーである。約八年に及ぶ議員生活のなかで歴任した委員会のうち、唯一鳥類学者の学識が生かせそうな案件は、7節の国立公園設置の請願のみである。しかし、このときも沈黙を貫いたのは前述のとおりだ。

黒田のために弁護するなら、彼は貴族院入りするのが遅すぎた。彼が侯爵を襲爵し、貴族院議員になったのは昭和一四（一九三九）年である。昭和一二年七月に始まった支那事変は首都の南京陥落後も終わる気配がなく、戦争は泥沼化の様相を見せていた。当然のことながら、議会も戦時色が強まっていく。すぐに実利には繋がらない基礎的な自然史研究機関の充実などを訴えられる空気も機会も失われていた。高千穂宣麿男爵が国立自然史博物館を作るべしと議会で息巻いた大正八（一九一九）年とは、時が違ったのである。議会への出席だけは真面目だった黒田長禮。機会と時代にさえ恵まれていれば、彼は動物学にまつわる優れた見識を議会の場で披露することもできたかと思うと、筆者は口惜しいのである。

第三章　〝典型的な〟鳥類学者議員――蜂須賀正氏

本章で取り上げる蜂須賀正氏（一九〇三―一九五三）はいわずとしれた鳥類学者であるが、加えて日本の生物地理学にも大きな功績をあげた。蜂須賀は後に「蜂須賀線」と命名される分布境界線に、その名を残したのである。分布境界線とは、生物相が大きく異なる二地域の間に引かれる区別線だ。たとえば、北海道と青森県の間に位置する津軽海峡はブラキストン線と呼ばれる分布境界線の一つであり、日本の生物地理学上、最重要の線である。

北海道南端の松前町と青森県津軽半島龍飛岬の平均気温はそんなに変わらないはずである。しかし、青森県と北海道では生息する動植物種は大きく異なる。たとえば、ツキノワグマは青森には分布していても、北海道にはいない。両者の生物分布が異なる背景には、更新世後期の間氷期（約一五～六万年前）に津軽海峡が成立したとの地史がある（大嶋「第四紀後期の海峡形成史」）。その津軽海峡に引かれている分布境界線が、ブラキストン線なのである。

この他、日本には、北海道と樺太の間の八田線、琉球のトカラ列島の悪石島と小宝島の間の渡良瀬線、そして沖縄諸島と八重山諸島の間の蜂須賀線がある。この〝何々線〟というのは、日本周辺に一〇本ぐらいしかないので、そのうちの一つに名を残すだけでも大したものである。

蜂須賀正氏は、台湾と八重山諸島（西表島や石垣島など）と、沖縄諸島（沖縄本島や久米島など）の鳥類

相の間に大きな差を見出した。その研究の成果が、後に蜂須賀線と呼ばれる境界線になった。残念ながら、筆者が専門とする土壌性甲虫の世界では、重要な日本の分布境界線は渡良瀬線とブラキストン線である。筆者自身は生物地理学的考察を行う際に、蜂須賀線に言及したことはない（Hoshina, 2009; 2012）。

　さらに、蜂須賀正氏は昭和三（一九二八）年設立の日本生物地理学会の創設者である。学会の会頭は著名な動物学者の渡瀬庄三郎で、蜂須賀自身は幹事に就任した。日本生物地理学会は現在も存続しており、この点からも蜂須賀は日本の動物学に大きく貢献したと言える。同学会は平成一五（二〇〇三）年に「蜂須賀正氏生誕百年記念シンポジウム」を開き、今も蜂須賀を顕彰し続けている。

　鳥類学者としての蜂須賀正氏の研究業績は多い。そのうち主要なものは前述の蜂須賀線の発見であるが、特徴的な業績をあと二つ挙げてみたい。一つは、井田『鳥学の１００年』でも紹介されている、大陸産のコウライキジを日本の内地に放鳥したことへの警鐘である（一九二六年「内地の原野に於て高麗雉の繁殖するを嘆く」）である。ようするに外来種としてのコウライキジの定着を危惧した論文だ。現在の保全生態学上の「外来種」「遺伝的撹乱」等の用語は使われていないが、蜂須賀は内地のキジとの交雑の危険性を指摘している（注①）。同じ鳥類学者の黒田長禮が一九五〇年代末の時点でも「マレーのオオヅルを日本に放せば定着してくれるかも」と無邪気な楽観論を述べていることと比較すると（『旅と鳥』）、蜂須賀の外来種問題に関する卓見はもっと評価されてよい。

　二つ目はドードー研究である。ドードーとは、かつてインド洋のマスカリン群島に生息し、蜂須賀が生まれる二世紀以上も前に絶滅した飛べない鳥類である。徹底的にドードー関連の文献や絵図を調査したほか、ドードーの骨まで収集した。この貴重な骨は今も山階鳥類研究所に保管されている。正氏が精魂傾けたドードー研究の集大成は、英国のウェザビー社から出版されることになったが、完成直前に急死してしまい、己の本を手に取ることはできなかった。『ドードーとその一族』が世に出たのは、死去一年後の一

九五四年である（柏原「蜂須賀正氏」）。

何はともあれ、動物学に大きな足跡を残した蜂須賀正氏。本章では、鳥類学者としての蜂須賀の再評価は避け、あくまで貴族院議員としての彼の素顔に迫りたいと思う。

●1――略歴

理由不明ながら、宮内庁書陵部所蔵『華族履歴』には、蜂須賀侯爵家の頁はあるが、蜂須賀正氏の履歴がない。後述するように、昭和二〇年に爵位を返上し平民となっているが、それと『華族履歴』の該当頁がないことを直接結び付ける証拠はない。たとえば、状況は違えども、中川伯爵家から分家して平民になった中川久知は（第四章参照）、『華族履歴』にちゃんと記載されているからである。

ただ、『華族履歴』が参照できなくても、村上紀史郎氏の手による一大伝記があり（『絶滅鳥ドードーを追い求めた男』）、蜂須賀の生涯はその巻末の年譜によって、詳細に把握できる。また、昭和五三（一九七八）年から四年間にわたり、筑波常治・渋谷章氏によって『生物学史研究』に連載された「蜂須賀正氏の生涯と業績」も参考資料として重宝できる。

蜂須賀の略歴紹介の前に一つお断りをしておく。蜂須賀は個性が強く、良くも悪くも品行方正なお殿様ではなく、醜聞まみれの侯爵様だった。散財、女性問題、大東亜戦争中の日本脱出計画、その他諸々、枚挙にいとまがない。そして、蜂須賀はこの戦争中に華族礼遇の停止、そして爵位返上に追い込まれている以上、醜聞の多くは濡れ衣ではない。平成二（一九九〇）年に月刊『科学朝日』で蜂須賀を顕彰した柏原精一氏も、その醜聞に言及しないわけにはいかなかった。そのあたりの不祥事については千田稔『華族事件簿』を参照していただくとして、以下、蜂須賀の略歴を記す。

蜂須賀正氏は明治三六（一九〇三）年二月一五日、蜂須賀侯爵家の正韶の長男として生まれた。正氏が

生まれたとき、侯爵の爵位は父ではなく、祖父の茂韶が持っていた。茂韶は阿波徳島藩二五万石最後の藩主である。元福井藩主の松平慶永や宇和島藩主の伊達宗城らは、明治初期こそ新政府の要職に就いたが、すぐに政府主流から外れ、名誉職に引いた。しかし、明治一七（一八八四）年、侯爵を授爵した蜂須賀茂韶は貴族院議長のほか、明治二九（一八九六）年に、第二次松方正義内閣の文部大臣に就任した。元藩主クラスの要人としては異例中の異例である。

　余談ながら、筆者が平成二一年に徳島県から新種として記載した昆虫の *Colon hachisukai* ハチスカヒゲブトチビシデムシは、茂韶に献名したものであって正氏ではない（注②）。論文中には「学名は文部大臣蜂須賀茂韶に由来」と明記してある（Hoshina, 2009）。

　正氏は幼少時より動物、とくに鳥類に異常ともいえるほどの興味を示した。大正八（一九一九）年、学習院中等科在学中に、早くも日本鳥学会に入会している。大正九年、偉大なる政治家の祖父を持ったせいか、正氏は政治学研究の目的で英国留学する。しかし、当時自然史研究の最先端を行く英国で、正氏の関心が鳥類に集中してしまったことはいうまでもない。そもそも、英国に向かう途中の航海の途中でリュウキュウカツオドリを捕獲し、その写真を日本鳥学会の学会誌『鳥』に寄稿しているほどなのである（村上『絶滅鳥ドードーを追い求めた男』）。

　正氏は大正一〇（一九二一）年、ケンブリッジ大学モードリガン・カレッジに入学した。大正一二（一九二三）年にはエジプトで鳥類の調査を敢行した。翌一三年には、弱冠二一歳ながら、日本鳥学会評議員に就任している。現在の学会でも、学術的実績とは無関係に、皇族の方を学会幹部とすることはある。当時は日本の鳥類学がまだまだ発展途上の段階だったから、関係者の間で権威付けのために侯爵家のお坊っちゃんの正氏を担ぎたいとの思惑はあったにせよ、まったくのお飾りではないだろう。蜂須賀には学会幹部に推されるに足る識見を十二分に持っていたからだ。

正氏は欧州滞在中、種々の鳥類の国際会議に出席しつつ、大正一四（一九二五）年にはアイスランドへ調査探検にも向かい、また数々の論文を発表するなど、鳥類学者としての地位を固めた。昭和二（一九二七）年、北アフリカを探検した後、ようやく日本に帰国。翌三年には前述のごとく日本生物地理学会を設立した。昭和六（一九三一）年、ベルギー政府のアフリカ探検隊に参加した。正氏は鳥類学者であるとともに探検家でもあるのだ。

正氏はこの頃から、鳥類研究に加え、飛行機にも強い関心を示し始め、昭和八（一九三三）年には、飛行機操縦に関する記事を新聞に寄稿するようになる。この昭和八年に正氏は侯爵を襲爵し、自動的に貴族院議員となった。まだ三〇歳である。その後も、日本鳥学会と日本生物地理学会の役員としての業務をこなしつつ、得意の語学力を生かして、鳥類関連の国際会議に出席を重ねた。しかし、鳥類学者としての名声とは裏腹に、侯爵としての行状よろしからず、昭和一八（一九四三）年一一月、華族礼遇停止となり、同年一二月には貴族院議員を辞職した。この頃は、公爵・侯爵議員でも理由があれば辞職できるようになっていたのである。そして、日本の無条件降伏直前の昭和二〇（一九四五）年七月、正氏は爵位を返上し、平民となった。

戦後、正氏は回想記『世界の涯』の発刊（昭和二五年）、また戦前同様に日本鳥学会の重鎮として活躍していたが、昭和二八（一九五三）年、熱海市の別邸で狭心症により五〇歳で急死した。

●2——参議院所蔵の履歴書

1節で述べたように、宮内庁書陵部所蔵『華族履歴』に蜂須賀正氏の履歴の記載はない。一方、参議院には正氏の履歴書が保管されている。参議院事務局より送ってもらった履歴書の全文を掲載しておく（ただし、いくつかの項目を年月順に入れ替えるなどの一部改変を施している）。とくに新知見と呼べる内容ではな

いが、村上紀史郎氏の『絶滅鳥ドードーを追い求めた男』の年譜にはない項目もあり、多少の参考資料にはなるだろう（注③）。

昭和八年二月一五日　侯爵議員ニ就職

昭和九年一月三一日　佛蘭西國政府ヨリ贈與シタル「オフヰシエード。ランストリュクシヨン。ピュブリック」記章ヲ受領シ及ヒ佩用スルヲ允許セラル

同年三月一日　満洲國皇帝陛下ヨリ贈與シタル建國功労章ヲ受領シ及ヒ佩用スルヲ允許セラル

同年四月二九日　昭和六年乃至九年事変ニ於ケル功ニ依リ勲四等瑞寶章ヲ授ケ賜フ（八九一〇三六号）

昭和一〇年三月一日　叙従四位

昭和一一年一二月二三日　ブルガリア國政府ヨリ贈與シタル「グラン・クロア・サンタレキサンドル」勲章ヲ受領シ及ヒ佩用スルヲ允許セラル

昭和一四年三月三〇日　昭和六年乃至九年事變ニ関シ國防充實ノ爲陸軍省へ小型連絡機一機寄附ス依リテ大正七年九月一九日勅定ノ紺綬褒章ヲ賜ヒ以テ之ヲ表彰セラル

昭和一五年三月一五日　叙正四位

同年七月二七日　昭和一五年二月紀元二千六百年奉祝會資金トシテ金一千圓寄附ス仍テ褒章條例ニ依リ之ヲ表彰セラル

同年八月一五日　昭和一五年勅令第四八八號ノ旨ニ依リ紀元二千六百年祝典記念章ヲ授與セラル

昭和一六年一二月九日　満洲國皇帝陛下ヨリ贈與シタル建國神廟創建記念章ヲ受領シ及ヒ佩用スルヲ允許セラル（二一二九五二）

昭和一七年五月一二日　叙勲三等授瑞寶章（一二八三九五）

同年六月〇日　商工省委員被仰付
昭和一八年一月一六日　昭和一六年三月北海道雨龍郡雨龍村村醫診療所建築資金トシテ金四千五百円寄附ス仍テ褒章條例ニ依り之ヲ表彰セラル
同年四月二六日　昭和九年三月財團法人帝國飛行協會事業資金トシテ金一千円寄附ス仍テ褒章條例ニ依り之ヲ表彰セラル
同年一一月三〇日　華族令第二四條第一項ニ依リ華族ノ禮遇ヲ停止ス
同年一二月九日　議員辭職ノ件御允裁アラセラレタリ
昭和二〇年七月二八日　願ニ依リ爵ノ返上ヲ允許セラル
昭和二八年五月一四日　死去（五月一五日毎日夕刊）

さすが蜂須賀侯爵家と感心するのは、一〇〇〇円とか四五〇〇円とかの寄付金の額である。たとえば、勅撰貴族院議員だった田中芳男（第七章）の『華族履歴』には、東京府下の火事の際、田中が罹災民へ「一〇円」寄付した等と記されていることを考えると、蜂須賀家の富裕ぶりは桁違いである。もっとも、正氏の散財によって、同家の財政は深刻な状態にあったのだが、先代正韶の知人だった三井銀行常務の池田成彬の斡旋で、家計の立て直しが図られていた（千田『華族事件録』）。その結果、昭和八年頃の正氏は月々八〇〇〇円の収入があったそうだから、千円単位の寄付は可能だったということだろう。

●3――虫屋視点で見ると、最も〝典型的な〟鳥類学者

近現代史に多数の著作がある秦郁彦氏曰く「人物の鑑識ほどむつかしく、当てにならぬものはない」（『昭和史の軍人たち』）とのことだ。これを筆者の言葉で言い換えると、ある人物の評価は人の見方によっ

て大きく変わる、となろうか。蜂須賀正氏の数々の著作から一部を抜粋し、彼の随想集を編集した杉山淳氏は「蜂須賀正氏の文章をまとめてみて思うのは、奇才、蜂須賀正氏！　ということだ」と絶賛した（杉山『世界一の珍しい鳥』）。しかし、筆者が正氏の著作に目を通して抱いた感想は、杉山氏とは少し、いやまったく異なる。

筆者が蜂須賀正氏に対して辛口気味なのは、その立場が影響している。鳥類愛好家（鳥屋）と昆虫愛好家（虫屋）は、同じナチュラリストでありながら、あまり仲がよろしくない。そして、筆者は本職が昆虫分類学者である以上、どうしても虫屋に肩入れしがちである。筆者は決して厳正中立の立場ではないことをまずはご理解いただきたい。

では、なぜ鳥屋と虫屋は仲が悪いのか？　たいていの鳥屋は動物愛護精神が強いので、鳥は愛でるにとどめる。そもそも法律上、原則野鳥を捕獲することはできない。一方、虫屋は虫を殺した後に、標本にしてナンボの世界である。いくらでも虫に触ることができる。筆者の知人の虫屋曰く「鳥屋は、自分らが鳥を触れないもんだから、虫を捕まえられる虫屋に嫉妬しているのだ」。この推察が当たっているかどうかはともかく、虫屋は同じナチュラリストから採集行為を批判されることは少なくない（たとえば、藤原『死に絶える動物たち』）。

実際に毎年同じ場所からギフチョウを捕りまくる、離島のクワガタを大量採集してネットオークションに出す等のたちの悪い虫屋が少なからずいる。概して虫屋は自然保護の意識が希薄なのはたしかであり、切手感覚で虫を集めている人もいる。その一方で、虫屋は鳥屋と比較すると、幅広い自然の知識を有していることが多い。たとえば、カミキリムシやタマムシを効果的に集めたければ、森のなかで幼虫や成虫の餌となる食樹に到達する必要がある。つまり、カミキリムシ愛好家は、ある程度樹木の種類を見分けられなければ話にならない。

鳥屋は自然保護意識が強い。その反面、鳥屋は見た目麗しい鳥のことしか興味がなく、「鳥あるを知って自然あるを知らず」に陥りやすい傾向がある。たとえば、平成二二（二〇一〇）年、コウノトリが越前市に飛来すると、一部の地元市民が、借りた休耕田に近所から集めてきた水生動物を放流し、コウノトリの餌場にしようとした（保科ら「福井県におけるコウノトリ放鳥計画に関する一考察」）。これは、単に人が与えている餌が自然生物であるというだけの話で、結局は野生動物への餌付け行為にすぎない。コウノトリに食べさせるから、と人間にオタマジャクシを持っていかれたヤゴは、一体何を食べて成長すればよいのであろうか？　これぞまさしく「コウノトリあるを知って自然あるを知らず」である（注④）。

ここで改めて『南の探検』『世界の涯』『密林の神秘』などの蜂須賀正氏の著作を見てみよう。蜂須賀は鳥類学者なのだから、探検した熱帯で目撃した鳥類中心の内容になるのは当然だ。しかし、哺乳類や両生爬虫類に関する見聞録は時折顔を出すものの、彼の視界に入ったはずの昆虫に関する記述がとにかくない。フィリピンのカバカンを訪れたときの回想でようやく「行く手には色とりどりの蝶がたくさんに舞っていた」（『南の探検』）と出てくるぐらいである。昆虫分類学者の筆者は、「行った先々の熱帯で虫をもっと見てませんか？　何で回想録に虫のことを書かないんですか？」と問い正したい衝動を抑えきれないのである。九州帝国大学昆虫学教室の初代教授で、日本の昆虫学の半神的存在である江崎悌三（一八九九—一九五七）の民俗学や古典、切手にまで及んだ随想と比較すると、蜂須賀の関心の幅は狭いように思える（注⑤）。

蜂須賀の一連の著作を読むと昆虫関連記述は、ほぼ〝鳥の餌〟としての扱いに限られることがわかる。正氏の姉の蜂須賀年子は、幼少時の正氏がアリジゴクを熱心に観察していたと回想している（蜂須賀年子『大名華族』）。よって、正氏が最初から鳥類にしか興味を持たなかったわけではない。ただ、どうやら世界各地を飛び回る頃には、正氏の昆虫への興味は大きくそがれてしまったようである。蜂須賀ほどの自然

観察力の持ち主であれば、面白い熱帯の昆虫回想記が書けたはずなのに、その点は非常に残念である。

　実は、前章の黒田長禮の『旅と鳥：鳥とともに六十年』でも蜂須賀の著作と同様の傾向があって、記される昆虫関連記述はやはり鳥の餌としての知見に限られる。筆者は長く県や市の環境審議会委員や各種環境アセスメント委員会委員の末席を汚しているが、そこで「鳥屋は鳥にしか興味がなく、昆虫を鳥の餌としか見ていない」と感じることが少なからずある。そういった意味で、筆者は蜂須賀正氏を〝典型的な〟鳥類学者と呼びたいのである。

●4——議会のサボリ癖

　昭和八（一九三三）年、蜂須賀正氏は侯爵を襲爵、そしておそらくは本心嫌々ながら同年二月一五日付で貴族院議員となった。前年の昭和七年一二月に死去した父の正韶は、貴族院では政治会派・研究会に所属していた。正氏は昭和八年三月一一日付で火曜会に入会している。この経緯は、同じ鳥類学者の黒田長禮とまったく同じである（第二章参照）。黒田同様に、正氏も父と同じ会派には入会せず、ほとんどの侯爵議員が所属する火曜会に入った。無難な選択である。

　蜂須賀正氏の初登院は、昭和八年一二月二六日開会の第六五回帝国議会である。この議会では三〇歳の若手議員に経験を積んでもらいたかったのか、蜂須賀は常任委員会の決算委員会のほか、軍用電気通信法案特別委員会と河川法中改正法律案特別委員会委員に選出されたが、いずれの委員会でも発言はしなかった。ちなみに、この議会での決算委員会には、同じ鳥類学者の山階芳麿侯爵も選出されている。筆者の脳内では「おお、蜂須賀さん。最近、鳥の方はどうですか？」「いや、こんな議会から脱出して、家で鳥の剝製を調べたいですよ。議員にならなくてもいい伯爵や子爵の方が羨ましいですよ」との二人の会話が交わされている場面である。蜂須賀が議員活動にやる気が爪の先ほどもないことは、このあとすぐに明らか

表 3-1　第七四及び第七五議会における蜂須賀正氏の所属委員会と欠席回数

第七四回議会	委員会回数	欠席回数
請願委員会	8	2
請願委員会第三分科会	8	0
昭和十二年法律第五十七号中改正法律案特別委員会	2	0
職員健康保険法案特別委員会	8	2
第七五回議会		
決算委員会	2	1
決算委員会第二分科会	4	1
昭和十二年法律第九十号中改正法律案特別委員会	4	1
日本肥料株式会社法案特別委員会	4	2

になる。

第六五回議会で選出された委員会では、決算委員会を一回欠席しているものの、とりあえずは議会の椅子に大人しく座っていた。しかし、『帝国議會貴族院委員會速記録昭和篇』および「帝国議会会議録検索システム」を調べたところ、次の第六六回から第七三回帝国議会まで、各委員会から蜂須賀正氏の名前は完全に消失していることがわかった。この間、昭和一〇（一九三五）年から一二年までの北中米滞在など日本にいなかった時期もあるのだが、蜂須賀は議会に出ていないのである。現代人から見れば、貴族院議員として、こんなことが許されるのかと不思議に思えるのだが、実際出ていない。

昭和一三（一九三八）年一二月二六日開会の第七四回帝国議会から、蜂須賀はようやく議会に復帰するが、相も変わらず、議会でまったく発言しない。加えて、外遊で羽を伸ばしすぎたせいか、帰国後の蜂須賀はどうやら議員活動に真摯に取り組む姿勢を失ったかのように思える。ここで第七四回と第七五回の両帝国議会における出席率を表にしてみた。無論やむにやまれぬ欠席理由もあっただろうし、他の貴族院議員はどうなんだ、との疑問はある。また、そ

もそも公侯爵議員の議会における出席率は総じて低かったとの事実がある（内藤『貴族院』）。とはいえ、口を開かずとも出席だけは真面目にしていた黒田長禮と比較すると、やはり蜂須賀には議会のサボリ癖があったことは否定できない。

●5——委員会では最低限しか口を開かず

各種法案特別委員会の場合、委員は居眠りをしていようが、ただ座っていようが、一切喋らなかろうが、時間さえ経過してくれれば委員会は終了し、家に帰ることができる。しかし、請願委員会の分科会はそうはいかない。請願委員会については序章で簡単に紹介した（18頁）。ここで、請願委員会のおおよその流れを解説しておく。請願委員会に選出されると、全体の委員会に出席するほか、さらに各分科会に分かれて所属することになるのが原則だ。請願は、まずその内容によって、逓信省、鉄道省、文部省、農林省、鉄道省などの管轄分野に分類される。たとえば、「うちの村に郵便局を作ってくれ」との請願であれば逓信省分野となるし、「〇〇県に国立農事試験場の支場を設置して欲しい」との請願であれば、農林省の管轄分野となる。第七四回帝国議会を例にとると、蜂須賀正氏が所属した請願委員会第三分科会では逓信省と鉄道省関連の請願を取り扱った。

請願委員会の分科会では、主査となった委員が議事進行役を務める。分科会には請願委員のほか、その分科会で取り扱う請願に対応した省の官僚も政府委員として出席している。主査以外の請願委員は請願ごとに説明担当役が割り振られ、その請願の概要を分科会で説明する。つまり、さすがにこのときばかりは、議員活動にやる気のない蜂須賀でも、口を開かざるをえないのだ。

説明担当役の請願委員は請願の概略を説明し終わったら、まずは政府委員の官僚に「この案件について、政府のお考えはいかがですか」と見解を求めるのが普通だ。請願の多くは予算措置を伴う。となると、政

府委員が「はい。いい請願だと思います。早急に実現したいと思います」などと答えるはずもない。とくに、鉄道省関連の請願の場合は「おらが町に鉄道を敷いてくれ」などなど、建設に途方もないカネが必要な請願も多いから、なおさら官僚の回答は慎重になる。官僚と呼ばれる職業は、明治・大正・昭和戦前期も、平成・令和もそんなに本質は変わらないようで、政府委員の答弁は「まことごもっともな請願だとは思いますが、予算の問題もありますので、よく研究したいと思います」との無難な回答となることが多い。または、「その案件だとうちではなくて、○○省の管轄ですね」と他の省に予算支出を押し付けようとすることもある（拙文「名和昆蟲研究所側面史」）。

分科会は請願の説明担当者と政府委員だけのやり取りに終始するわけではない。他の請願委員も政府委員に多々問いただすことができるし、質問もできる。委員同士で議論が交わされることもある。このような審査を経て、分科会内で「議院ノ会議ニ付スヘシトスルモノ」（＝採択の価値がある）、または「議院ノ会議ニ付スルヲ要セストスル」（＝不採択相当と思われる）等の決定をし、分科会は閉会となる。その後、全体の請願委員会で、各分科会の主査が「当分科会ではこの請願については、このように判断しました」等の報告を行い、質疑応答を経て請願委員会として、採択するかしないか、または審査未了とするか等の最終的な結論を出す、との経緯を踏んだ。

第七四回帝国議会の請願委員会第三分科会における蜂須賀正氏の様子は、彼の議会に対する取り組み度を象徴している。蜂須賀は己が請願の説明担当者になったときは、やむをえず口を開き、政府委員の見解を求める。しかし、政府委員の回答に対して、さらに切り込むことはほとんどない。そして、自分が説明を担当しない請願のときは「用はすんだ」とばかりに、完全に沈黙である。

昭和一四（一九三九）年三月一三日の分科会を例にとってみよう。「徳島縣小松島港ヨリ高知縣香美郡山田町ニ至ル鐵道敷設ノ件」の請願担当者になったときのことである。蜂須賀は、小松島港は重要港であ

り、産業上・軍事上、小松島から山田町を結ぶ鉄道の実現を速やかにお願いしたい、と請願の内容を説明した。対する政府委員の工藤十三雄（鉄道政務次官）は、「徳島と高知の県境は地形が複雑で、鉄道敷設の場合はトンネルが必要となる。今後、地形その他について十分研究してみたい」と、これまた無難な回答を行った。他の委員からも格別意見は出ず、この請願の審査はこれで終了となった。無論、蜂須賀も工藤にたたみかける質問などはしない。この案件、筆者としては、「あなたは単に説明担当者にすぎないのですから、この請願を採択させる努力義務がないのは知っています。でも、この請願はあなたの家の元領地の鉄道敷設を求めるものですよね？　もう少し頑張ってみませんか？　蜂須賀家当主として、徳島の鉄道にもう少し興味を持ってみませんか？」とつっこみたくはなる。

とにかく蜂須賀は議会では徹頭徹尾口を開かない。そして一刻でも早く委員会が終わるよう、余計な質問などはせず、さっさと帰って鳥類の研究をする。もしくは鳥類研究者との会合に行く。これが蜂須賀正氏貴族院議員の政治に対する姿勢の基本である。

●6――自然史博物館建設請願にも沈黙を貫く

議会では何が何でも口を開いてやるもんか、との蜂須賀正氏の強い意志（？）を感じさせた請願がある。昭和一四（一九三九）年一月三一日、第七四回帝国議会の請願委員会第二分科会で、「國立自然博物館設立ノ件」が審査された。請願の説明担当者となった實吉純郎子爵は「日本動物学会、日本植物学会、日本地質学会、日本鳥学会、日本生物地理学会、日本昆虫学会、応用動物学会との自然科学の学会すべてが協議した結果、日本には自然科学に対して完備した博物館がない。我が国は天然資源に乏しいのだから、なおさらその研究は重要である。ドイツでは、自然科学、そして応用の研究ができる体制になっている。よって、我が国にも国立自然博物館が必要であるとの結論に達し、この度設置を求める請願が提出された」

と説明した。
この説明に対して、政府委員の小柳牧衛（文部政務次官）は「自然博物館設立は時代の趨勢であることは、政府としても十分承知している。しかし、大きな経費を要するので、財政の関係等を研究中である」、言い換えるなら「必要だとはわかってますけど、今カネがないんですよね」との、官僚としての模範解答を示した。すると請願委員の建部遯吾が「すでに上野に科学博物館があるではないか。それと自然博物館の関係はどうなるのか？」と、これまたもっともな疑問を表明した。小柳は「上野の科学博物館から自然科学に関する分野を分けて、同分野を拡大していくことになる。仮に自然博物館を設置するとすれば、科学博物館と同様の博物館になるだろう」との見解を示した。建部は「欧州では人文系と自然科学系の両方を含む大規模な総合博物館があるが、日本にはない。当面は科学博物館のような個別分野の博物館を作っていくことになるだろう。ならば、自然博物館をどこに設置するかも大きな問題である。文部省としては新博物館を東京に置きたいのか、それとも地方に置きたいのか？」と質問した。小柳は「大衆の知識向上と、中央への研究機関の集中、ともに重要である。新自然博物館の性質を考え、東京と地方、どちらに設置するかについても文部省は研究していきたい」と答えている。

文部省の政府委員の小柳の煮え切らない答弁はある意味予想されたものである。加えて、建部も自然博物館の建設に反対はしていないのだが、かといって諸手をあげて「この請願を採択せよ！」と要求しているのではないように思える。質疑応答はこれで打ち切りとなったが、分科会としては「國立自然博物館設立ノ件」は「議院ノ会議ニ付スヘシトスルモノ」、つまり、「採択していいと思います」との判断を示した。

請願委員の蜂須賀正氏は第三分科会所属なので、前述の第二分科会での建部と小柳の発言の応酬があった「國立自然博物館設立ノ件」の審査の場にはいなかった。同年三月一七日、請願委員会の全体の委員会が開かれた。第二分科会の主査の加藤泰通子爵は「研究、教育、観光さまざまな面から国立自然博物館の

設置を求む、との請願がある。政府は財政状況等を考慮しつつ研究中とのことだが、分科会としてはこの請願を採択すると決定した」と報告した。請願委員会ではとくに異議も出ず、「國立自然博物館設立ノ件」は採択となった。

さて、蜂須賀はこの三月一七日の委員会に出席しているが、何も発言していない。前述のように、「國立自然博物館設立ノ件」は自身が所属している日本鳥学会と日本生物地理学会が深く関わっているにもかかわらず、である。蜂須賀は「日本の博物館はあまりにもみすぼらしく、アメリカの博物館と比べたくない」と自著で嘆いており（『世界の涯』）、我が国の博物館の立ち遅れを十二分に認識していた。ならば、ここで得意の欧米滞在経験から、博物館の必要性に熱弁を振るってもよさそうなものだが、蜂須賀は完全に沈黙を守った。

無論、第二分科会で「國立自然博物館設立ノ件」は採択相当の請願との判断が下されており、かつ全体の委員会では誰も採択に反対していない以上、蜂須賀には別個意見を出す必要はないとの考え方もできるだろう。しかし、この「國立自然博物館設立ノ件」の請願ですら何も発言しなかったところを見ると、蜂須賀には帝国議会で何か言葉を発するとの〝概念〟がそもそも存在しなかったのだ、と思える。議事速記録を見ると、請願委員会委員長の酒井忠克伯爵の「請願『國立自然博物館設立ノ件』の採択に異議はありますか?」との確認に対して、発言者不明ながら「『異議ナシ』ト呼フモノアリ」との発言が記録されている。さすがにこの発信元は蜂須賀正氏だ、との希望的観測にすがりたいところである……。多分違いそうだが（注⑥）。

●7――結論、貴族院議員としてのやる気はカケラもなし。学者議員の典型か?

第二章で「議会でろくに発言しなかった黒田長禮は貴族院議員としては落第」と述べた。ただ戦前期の

帝国議会においては、黒田は出席だけは真面目にしていた。一方、蜂須賀正氏は外遊で長期にわたり議会をすっぽかしたうえ、帰国後も委員会に欠席することが多かった。よって、貴族院議員としては、黒田に輪をかけて落第、との評価になる。

「蜂須賀正氏は侯爵であり、自分の意思で議員になったのではない。だから給料の出ない議員活動にやる気がなくても当たり前」。感情論としては筆者も首肯できるが、そもそも特権階級に生まれているのだから、議員のお努めの義務は果たしてほしい、というのが率直な庶民感情だろう。それにしても、蜂須賀が国立自然史博物館設置を求める請願にすら無言を貫いたのは、いささか驚いた。帝国議会における華族学者たちの言動を探るのが本書の主な狙いだ。となると、蜂須賀正氏にわざわざ一章を割く意義はなかったか、と筆者はいまさらながらに後悔している。

ただ、蜂須賀の議会における無気力ぶりは、多くの現代の学者の常日頃の行動と被るところがある。たいていの学者はとにかく会議が嫌いだ。蜂須賀正氏も、とにかく議会は早く終了して欲しい、一刻も早く家に帰って鳥の研究がしたい。こんな心情ではなかったか。

華族学者議員と呼ばれる方々には、とにかく自分の好きな研究が第一、議員活動なんぞ雑用にすぎないと考える人は少なくなかったはずだ（注⑦）。本章3節で、昆虫にあまり関心を示さない蜂須賀正氏は典型的な鳥類学者だ、と述べた。また、議員としての職務にやる気はかけらもなし、というのも、典型的な華族学者である。この二重に典型的との意味で、筆者は本章のタイトルを「典型的な鳥類学者議員」と名付けたのである。

第四章　マングース導入に警鐘を鳴らした先見の明――中川久知

本書で扱っている鳥類学者の黒田長禮、蜂須賀正氏、鷹司信輔、昆虫学者の高千穂宣麿。また、鳥類学者の山階芳麿と松平頼孝、そして植物学者の原寛。これらの華族学者が取り組んだのは、害獣駆除・益虫活用・農作物収量増産といった実社会に即役立つ内容ではなく、分類学や生物地理学などの基礎的な学問である。悪く言えば趣味的・余暇的な領域であることに気付く。意地悪な表現をすれば、時間とカネを持て余した華族ならではの研究テーマと言えるのだが、純粋な学術的観点からは、彼らは社会に多大な知的貢献を為したと評価できる。

本章で取り上げる中川久知（一八五九―一九二二）は、豊後国岡藩の旧藩主の中川家に生まれた華族学者の一人である。しかし、中川が上記の華族学者と大きく異なるのは、研究成果がすぐに実際の農林業に適用しうる害虫防除試験等を行った応用昆虫学者だった点である。中川には昆虫採集用具やその使用法を紹介した論文もあり（「夜中蛾類ヲ採集スル法」）、彼は決して基礎的な昆虫学を軽んじていなかった。現在の昆虫学界は良くいえば専門の細分化、悪くいえばタコツボ化して、害虫防除学者が基礎分類の論文を書くことはあまりない。しかし、中川は害虫の防除試験と同時並行で新種記載、いわゆる外部形態の観察に基づくα分類もできた。分類学者の筆者ならではの実体験でいうと、寄生バチの分類ができる人材は農林業の現場で喉から手が出るほど渇望されているが、体サイズが小さくて地味な寄生バチの分類は、多くの

図 4-1　中川久知

大学院生は専攻したがらない。明治大正期はチョウやトンボといった派手な昆虫の分類研究をやれることがたくさん残っていたにもかかわらず、中川はあえて極小で地味な寄生バチと向き合った。これも中川が美麗な生き物を好んだ華族学者と一線を画している点である。

中川は寄生バチのクロアシクサガメタマゴバチを新属新種として記載したことがある。その論文「本邦産昆虫卵寄生蜂図説第一集」を見ると、形態専門用語の英語と日本語訳の対応表を挿入するほか、細かい形態をきちんと図示して、各部形態の文章による記載を詳細に行っている。この中川論文のように、学名未決定のまま（たとえば、「学名未詳」や「*Telenomus* sp.」の扱いで）未知の寄生バチに和名を与え、形態的特徴を記すとのスタイルは、昨今の現生昆虫の分類では一般的ではなくなった。属や種を明記せず正体不明のまま和名を与えて、既知種と同等に扱うのはかえって分類に混乱を招くからだ。しかし、中川としては分類学的な最終決着がついていなくても、農業上重要な益虫である寄生バチの同定を可能にした方が、農業の現場では便利と判断したのだろう。

彼が生涯労力の多くを割いたのは、上記の基礎的な分類研究よりは当時の稲の大害虫であったニカメイチュウ（ニカメイガ）の防除試験や天敵寄生バチの利用技術である。晩年は昆虫学とは直接関係がないビタミン研究に取り組んだ。実用研究に徹したのは、彼なりの信念があったがゆえであろう。なお、かつての日本の水田で猛威を振るったニカメイガは戦後の機械田植やコンバイン導入、強力な殺虫剤の普及により、稲作主要害虫の地位からは脱落した。それゆえ、現代の昆虫学者の間で中川久知の名を知る者も少な

くなってしまったが、だからといってその業績が色褪せるわけではない。

　中川の功績や生涯については後述する優れた先行研究があり、十分調査し尽されている。本章は中川の応用昆虫学者としての学問業績の詳しい紹介はそれら既存文献に譲り、「重箱の隅を突くかの如く」、先行研究で漏れた中川のいくつかの事績、そして衆議院選挙に打って出た政治家・中川久知の評価について記すこととしたい。なお、本章は拙文「應用昆蟲學者中川久知先生小傳」を一部補筆訂正したものである。

●1――経歴

　中川久知の生涯や研究業績については、同郷の大分県出身で、農薬技術者や樹木医、環境カウンセラーなどの肩書を持つ安東和彦氏が徹底的に調べられており（「応用昆虫学者・中川久知」）、その成果をもとに『博物学者中川久知年譜』との冊子が完成している。筆者は本章を執筆するにあたり宮内庁所蔵『華族履歴』をあたったが、後述するように、中川は若くして分家して平民となっている。よって、『華族履歴』に掲載された中川の履歴は非常に簡潔なもので、新知見はほとんど得られなかった。

　したがって、中川の生涯を知りたければ『博物学者中川久知年譜』を読めば十分である。このほか、中川死去直後の『昆蟲世界』に掲載された、高橋奨の手による追悼文中に彼の略歴が存在するが、『博物学者中川久知年譜』と大きく矛盾する箇所は見受けられない。ここで中川の生涯を以下に紹介しておく。中川久知は現在の大分県、豊後国岡藩第一二代藩主の中川久昭の次男として安政六（一八五九）年三月に生まれた。明治二年、父の中川久昭は華族に列せられる。久知は明治四（一八七一）年に東京へ移住、明治八（一八七五）年四月に東京英語学校入学、同九月には開成学校、明治一〇（一八七七）年九月には官立東京大学理学部生と、順調に勉学に励んだ。

　この明治一〇年に転機が訪れる。上野安中藩三万石の旧藩主の板倉勝殷は男子を残さぬまま明治六（一

八七三）年に没。板倉家は勝殷の四女の種子が継いでいたが、中川が同家の婿養子の形で、同年一〇月九日に種子と結婚、同月一三日に板倉家を相続し、同月二九日に従五位に叙せられた（注①）。

しかし、明治一二（一八七九）年に「家事都合ニ依テ」東大を退学、翌一三年一月一七日に板倉家当主を隠居、そして板倉種子と離縁して同月一九日に中川家に復籍した。『華族履歴』は「依病隠居被聞食」と隠居の理由を「病気」と記しているが、そのまま素直に受け取るべきではないだろう（注②）。

中川家に戻った後、中川久知は明治一三年麻布学農社の嘱託教師となった。学農社は「三田の慶應義塾、小石川の同人社と共に此處は西洋智識の倉庫であり、歐洲文明の停車場であつたのだ。されば農商務省が出來ぬ前、駒場農學校が出來ぬ前、學農社は日本農界に采配を揮ふ處であつた」（山口『東京新繁昌記』）と称されるほど、当時最先端の農学教育を行っていた学校である。これ以降、中川久知は晩年まで害虫防除を中心とした農学と関わり続けたと言っても過言ではない。その職に合わせるがごとく、中川は明治一四（一八八二）年から『農業雑誌』に乳牛や害虫に関する多くの論文を投稿し始めた。その後、明治一五年内務省地理局雇員、同一六年松山中学校、同一九年福岡県師範学校、同二一年第五高等中学校など数々の教職を歴任していく。中川はたしかに名家の出ではあるが、家の後継ぎではない。よって、彼が日銭を得るために職歴を重ねた点は、同じ華族学者の蜂須賀正氏や鷹司信輔とは大きく異なる点である。

この間の明治一七（一八八四）年、華族令制定により中川家の当主だった兄の久成が伯爵の爵位を授けられた。兄の久成とその跡を継いだ久任（広島浅野家からの養子）はともに貴族院議員となったが、これは伯爵の爵位を有していたがゆえの貴族院入りである。一方、久知は華族ではあったが爵位を生涯持たなかったので、貴族院有爵者議員の選挙権・被選挙権ともに持たなかった。よって、久知は後に政界を志したとき、衆議院選挙に打って出ることとなる。

久知は明治二一（一八八八）年一一月二日「別戸民籍編入」、つまり中川伯爵家から分家した。生家の

伯爵家から分家したことで、これ以降中川久知は華族ではなく平民となった。当然のことながら『華族履歴』で確認できる久知の経歴は分家の時点でもって終了しており、それ以降の記述はない。

中川久知は赴任先の中学校や師範学校で教育に従事するかたわら、『動物學雑誌』へ動物や昆虫の研究成果を発表し、明治二七（一八九四）年には学術研究のため帝国大学および同大学臨海実験所への出張を命ぜられたりしている。明治三二（一八九九）年中川は農商務省農事試験場技手となった。これ以前の彼の論文は植物目録の編纂やチョウの採集記など基礎学問分野のものが多かった（注③）。しかし、農商務省奉職以降は職務として害虫研究に取り組むことになったので、発表論文は寄生バチやカミキリムシなどの益虫・害虫を主な対象とする応用昆虫学の分野にシフトしている。翌明治三三年に桑の大害虫クワカミキリの論文「桑天牛（クワカミキウ）*Aprionas rugicollis* Chevr の卵に就きて」を『動物學雑誌』上に発表した。桑の防除に取り組んだ縁があってか、明治三四（一九〇一）年三月三一日、東京赤坂溜池三會堂で開かれた大日本蠶絲会第一〇回大集会で、「桑の害虫予防一斑」との題目で講演を行った（同年四月一日付東京朝日新聞）。同年一二月には岐阜県の名和昆虫研究所に一週間滞在し、同研究所所蔵の標本を調査している。

明治三五（一九〇二）年、中川は衆議院選挙に打って出た。突然の政界入りである。このときは落選したが、翌三六年の総選挙で再び挑戦し、今度は見事当選した。しかし、代議士としてこれといった活動を見せないまま、一期かぎりで政界から身を引いた。明治三七（一九〇四）年には農商務省農事試験場に復職、九州支場勤務となった。応用昆虫学の世界に戻ったわけである。その後は彼のライフワークとも呼ぶべき稲の大害虫ニカメイガの防除研究を行い、数多くの論文を発表、ニカメイガの防除に多くの功績を残した。

大正二（一九一三）年、五四歳になった中川は農商務省を退職したのち、熊本県で養蜂と養鶏を営んだ。

晩年ビタミン研究を始めたが、それはニワトリを育てるうえでの必要性に迫られてのことだという。大正一〇（一九二一）年一一月三日、中川久知はニワトリのエサを調合中に突然意識を失って倒れ、同月一二日六二歳（満年齢）で死去した。

●3——外来種マングースの導入に警鐘を鳴らす

アライグマ、オオクチバス、ブルーギル、オオキンケイギク、ヒアリ、セアカゴケグモと外来種の話題に事欠かない平成令和の日本だが、明治三〇年代の時点で安易に外国から生き物を持ち込むべきではないと主張した昆虫学者がいた。それが中川久知である。外来種問題に対し先見の明を持っていたことは、渡邊洋之氏が中川の外来種危険論を引用していることからも明らかである（渡邊「渡瀬庄三郎の自然観」）。中川を再評価するうえで、本書でも彼の外来種にまつわる学識を取り上げても良さそうだ。

中川が外来種問題を主に取り上げた論文は明治三三（一九〇〇）年に出た二編である。まず一編目で害虫防除のため天敵鳥獣を導入しているアメリカの施策を例に挙げ「従来其地に無き動物を輸入したるより在来種間の平均を紊り年を経るに従ひ漸く其弊現われ反て後悔したる事実多かりしなり」と評した。つまり、現代の表現に直すと「外来種を入れたことにより生態系が乱れた」と言っているのである。このほか、セントヘレナ島へ持ち込まれたヤギやアルダブラ諸島へのノネコが、従来の島の植生や鳥類相に与えている多大な影響を紹介している。

第二編では世界各国で外来種となっているネズミ類やオーストラリアのウサギの事例を述べた後、カリブ海のジャマイカに導入された〝モングース〟（＝マングース）へと話を移す。マングースとはアフリカや東南アジアに分布し、マングース科に含まれる食肉目哺乳類の総称だ。マングース科にはジャワマングースなど、ネズミ駆除を目的として原産地以外の土地へ人為的に導入された種がある。

中川は「ネズミによる農作物被害に悩んでいたジャマイカは一八七二年雄四頭雌五頭のマングースを輸入した」とジャマイカにおけるマングース導入の経緯を紹介した。中川がいかなる文献を参考にしてこの箇所を記述したかは定かでないが、彼が西暦と雌雄別導入個体数とも正しい数字を挙げていることは判明している（Simberloff et. al. 2000）。次に、当初マングースはネズミ駆除に大変有効であったが、数を増やしたマングースは家畜の幼獣だけでなく、自然界のヘビやカニなどを食害するばかりか、農作物まで食い荒らし始めたと筆を続ける。結果、中川はマングースの導入はかえって害をなしたと断じている。実際、ジャワマングースがジャマイカで放獣されてから、わずか一〇年後には「マングースの導入個体によってヘビやトカゲ、カニ、甲虫、イモムシ類、地上性の鳥が食害されている」との海外の報告があり（Espeut. 1882）、この点でも中川は外国の導入天敵の実情に通じていたことがわかる。ジャマイカに導入されたマングースが、当初はネズミの被害を徹底的に抑えたことで、ココアやコーヒー、トウモロコシなどの栽培が可能になり、一時的に農業上の利益をもたらしたことは事実だ。しかし、結果的には生態系へ被害が大きく、導入後わずか二〇年弱後の一八九〇年に、マングースの駆除が開始される羽目となった。

所変わって日本では明治四三（一九一〇）年、ネズミとハブの駆除を目的としてマングースが沖縄に放獣された。尽力したのは、生物地理学の渡瀬線に名を遺す東京帝国大学の渡瀬庄三郎である。翌年、渡瀬は『動物學雑誌』で沖縄県渡名喜島へのマングース放獣後の経過報告を行っている（渡瀬「渡名喜島の『マングース』繁殖す」）。中川が明治三三（一九〇〇）年にマングース導入のリスクを論じたのも同じ『動物學雑誌』であるが、渡瀬は経過報告のなかで中川の一〇年前の報文に対する反論等をとくに試みていない。また、明治四三年六月三日付福岡日日新聞に掲載された談話で、渡瀬は「マングースが過度に繁殖すれば有害」としつつも、「増えすぎたマングースを捕って毛皮に活用すればよい」と述べている。このように渡瀬は終始楽観的で、中川の警告を完全無視したわけである（注④）。

また、さらにマングース放獣の約一五年後の昭和二（一九二七）年、同じく動物学者の岸田久吉が沖縄で野生化したマングースの胃内容物を調査し、それらがハツカネズミ類を多く捕食していることを確認した。岸田は「まんぐーすヲ保護スベシ」「まんぐーすノ縁ノ下ノ力持チヲ感謝スベシ」と結論付けている（「まんぐーすノ食性調査」）。さらに岸田は一九三一年に発表した論文中でもマングースの有用性を強調している。

一九一〇年の沖縄、そして戦後の七〇年代後半に奄美大島に導入されたジャワマングースは、今や特定外来生物に指定されるほどの害獣となり、琉球列島の在来動物に深刻な被害を与えていることはいまさら言及するまでもないだろう（注⑤）。中川の見識に驚嘆するのは、日本にマングースが導入される一〇年も前に、その弊害を正確に認識していた点にある。現在、マングースがヤンバルクイナやアマミノクロウサギなどの希少動物の重大な脅威となっている事実を鑑みると、近代日本が中川久知の見識を生かせなかったことは悔やんでも悔やみきれない。

もっとも中川のマングース脅威論はやや腰砕けであるとの印象は否めない。というのも、明治三三年の論文中で導入されたマングースがさまざまな動植物を食害していることを指摘しながらも、放獣後ある程度の年数を経て、いったんは減少した鳥類や爬虫類は回復傾向にあると述べている。そして、在来動物に対する被害もはなはだしくはなくなっているとし、「動物界も今や漸く其平衡を回復せんとするに至れりと云ふ」と締めくくった。つまり、中川は「マングースを外国へ絶対導入すべからず」とまではいい切っていない。

しかし、あくまで結果論ではあるが、昆虫学者の中川の見識が渡瀬庄三郎・岸田久吉の時代を代表する二人の哺乳類学者の先を行くものであったことは事実であり、中川を再評価するうえで重要な史実といえよう。動物学者の谷津直秀が『動物學雑誌』上で、マングースの危険性を指摘したのは、中川の論文発表

より一五年以上も後の大正六（一九一七）年であることも付け加えておく。

●4――中川久知ゆかりのチョウの標本が福岡県英彦山で発見される

寄生バチの農業利用だのニカメイガの防除だのという前に、中川久知がそもそも生粋の虫好きであったことはたしかだ。明治三五（一九〇二）年の昆虫学雑誌『昆蟲世界』上で「一躰華族と昆蟲とは前世何かの因縁があるものと見江る、先づ中川君と高千穂君は有名なもの」と華族界で一、二を争う虫マニアと目されていたぐらいである。

華族界虫好き首位の座を中川と争ったのが、福岡県英彦山神社宮司の高千穂宣麿男爵（第六章）である。高千穂は学農社で学んでいた時期があり、この頃中川と知り合った。明治一九（一八八六）年に中川が福岡県師範学校二等教諭となると、二人は虫捕り仲間として再び交流を持つようになる。

高千穂の自伝『鶯嶺仙話』を読むかぎり、高千穂は人の好き嫌いがずいぶんはっきりしていることがわかるが、中川に対しては終始好意的な筆致である。高千穂の回想によれば、明治三六（一九〇三）年に中川久知は衆議院選挙に立候補し、農事試験場を辞職した（後述）。困った試験場はその後任人材として、高千穂が運営していた九州昆虫学研究所の桑名伊之吉を引き抜いた。桑名を失ったおかげで、九州昆虫学研究所は多くの事業を中断せざるをえなくなる。つまり、中川が政界を目指したことで、高千穂としてはとばっちりを食らったのだが、少なくとも自伝からは高千穂の中川に対する恨み節は読み取れない。高千穂自身も貴族院議員になりたくてなりたくて仕方がなく相当無理をしたくちであったから（第六章参照）、その点は中川に対する理解があったのであろうか。

高千穂の自伝は誤りが多く良質な史料とはいえないが、高千穂の回想によれば中川は明治一九（一八八六）年から同二一年にかけて三回英彦山に来訪したとのこと。少なくとも明治二〇年に中川が英彦山に長

期滞在したことは、中川自身が書き残している（「夜中蛾類ヲ採集スル法」）。

　明治二四（一八九二）年、高千穂は熊本で第五高等中学校教授をしていた中川を訪ねた。このときの熊本行きについては、英彦山神社『社務日誌』から日付まで特定できる。同年七月一八日、高千穂は英彦山を発ち、熊本の中川の元へ向かった。英彦山神社の記録には「中川久知殿と動植物採集のため」と、熊本行きの目的が明記されている。熊本滞在中の高千穂は自らの動向を逐一神社に知らせていないので詳細不明だが、同月二〇日付『社務日誌』から、高千穂と中川の両名が熊本の「京町壱丁目廿八番地の玉林清助方」に滞在していることがわかる。この玉林清助なる人物が何者か筆者は調べきれていないが、華族様一行を歓待しているぐらいだから、熊本のそれなりの名士または老舗旅館ではないかと思う。

図4-2　ナミアゲハ（九州大学農学部付属彦山生物学実験施設所蔵）

　令和元年、筆者は高千穂宣麿が集めた昆虫標本が所蔵されている、九州大学農学部付属彦山生物学実験施設を訪問した。そして「Iida-san、Higo、25. VII. 91」とのラベルを持つナミアゲハの標本を発見したのである（図4-2）。ラベルに記された年代から、このナミアゲハは中川と高千穂の手によって捕られたことがわかる。そして、二人が飯田山で昆虫採集をしたことも明らかになった。百年も前に中川と高千穂がこのナミアゲハを見つめていたと思うと、筆者は大変感慨深いものがあった。
　さて、高千穂宮司の留守を守る英彦山神社は同月二六日、熊本にいる高千穂から「二六日ないしは二七日に英彦山に戻る」との封書を受け取った。そして、翌二七日今度は「八月一日頃帰館する」との連絡が神社に届けられた。実際に高千穂が英彦山に戻ったのは七月二八日夜である。ちなみに、英彦山を留守にして、外へ採集に出ている高千穂が帰山の日を守らない、守るつもりがないのはいつものことだ。中川と

の昆虫採集が楽しくて、ついつい熊本滞在を数日間延長したのであろう。

●5——華族動物学者としては例外的な衆議院議員

本書で各章の主役となっている蜂須賀正氏、黒田長禮、鷹司信輔、高千穂宣麿、田中芳男など、帝国議会貴族院に議席を持った華族動物学者は少なくない。華族動物学者で衆議院議員となったのは、高木正得（昆虫学）と中川久知（昆虫学）などがいるが、貴族院議員と比較すると事例は相当少ない。

戦前の帝国議会の衆議院議員の選出法は、現在のそれと大差はない。中川は明治三五（一九〇二）年八月一〇日の第七回衆議院総選挙に立候補するも落選した。しかし、同年一二月開会の第一七回帝国議会は増租継続案をめぐって桂太郎内閣と衆議院第一党の立憲政友会が対立し、同年末には衆議院は解散となった。翌三六年三月一日実施の第八回総選挙に再び立候補、今度はめでたく当選した。しかし、翌三七年三月一日の第九回総選挙には立候補しなかったので、彼の代議士生活はわずか一年で終わったことになる。

中川には選挙活動中、捕虫網を持って馬車に乗っていたなどなど、彼らしいエピソードが伝わっているが、肝心の選挙事情や当選・落選の背景の詳細はいまいちわからない。その理由の一つは、当時の大分県内の二大新聞であった豊州新報と大分新聞の明治三五と三六年分の紙面が、東京大学明治新聞雑誌文庫と国立国会図書館ともに残されていないことに起因する。とくに豊州新報は明治三七年一〇月時点で発行部数約五千部の有力紙で（山本『日本新聞發達史』）、これが現在閲覧できないのは研究上の痛手である。

本書では中央の東京朝日新聞に掲載された記事や、大分県内の改進党系紙の臼杵新聞、そして小新聞である日田新報に残るわずかな記事から、衆議院議員中川久知の選挙運動の一端を明らかにしたいと思う。

●6――当選に至る経緯

中川久知を研究する安東和彦氏は「中川は政界に野心などなく単に担ぎ出されただけ」との見解を取る（安東「応用昆虫学者・中川久知」）。もっとも、安東氏は大分の竹田中学出身であり、中川とはいわば同郷である。究極的には中川がどの程度政界入りを希望していたかは本人と神のみぞ知るところであろう。少なくとも同時代の諸新聞の記事からは、衆議院選挙立候補は本人よりも周りの意思という印象を受ける。

明治三五（一九〇二）年八月の第七回衆議院総選挙は、帝国議会開会以来、初めての任期四年満了による選挙だった。もちろん同年に総選挙が実施されることはあらかじめわかっていた。そのような政治情勢のなか、同年五月三日付白杵新聞は國益新聞の「大分県の現状」との、来る総選挙事情関連の記事をそのまま転載した。ここでは多々立候補予定者の名前が挙がっているものの、中川久知の名はない。

しかし、同年六月八日付東京朝日新聞は「大分県有志者の一部は旧竹田藩主の令弟中川久知氏を衆議院候補者に推薦せんとし（中略）（中川久知氏は）生物学専攻なればとても面倒臭き候補者などに立つ事あらざるべし」との記事を掲載した。同紙は中川に政界への色気はないと観測しつつも、選挙二か月前には彼の名が候補者として挙がる情勢になっていたことがわかる。その一か月半後の同年七月三一日東京朝日新聞は前言を撤回し、「中川久知氏起つ」との見出しで、大分県内の非政党系中立派が中川を推すことを決定したと報じた。

当時の衆議院選挙は現在の小選挙区制を採っておらず、大分県の衆議院議員の当選枠は六人だった。同年八月一〇日の選挙結果は、最下位の六位当選者の宮村三多の一一五一票に対し、中川は七九二票の次点で落選した（明治三六年三月六付白杵新聞）。このときの選挙では、憲政本党系紙の大分新聞が政友会の元田肇を「耶蘇信者」と中傷して軽禁錮一か月罰金一〇円に処せられた等の選挙違反があったが（明治三五

年一〇月一日付日田新報)、中川の周辺でも種々問題が発生した形跡がある。

まず、総選挙に臨んで内務大臣および管長は、全国の僧侶に選挙に関わるべからずと訓令したにもかかわらず、その指示は守られなかった。最もはなはだしきは大分県で、中川ら三候補は寺院および大分県仏教団体から推薦を受けたという(明治三五年八月一六日付東京朝日新聞)。また、直入郡役所書記が中川の選挙活動をして免官になったとの報道もある(同年八月二三日付東京朝日新聞)。

総選挙からたった四か月後の明治三五(一九〇二)年一二月二八日に衆議院は早くも解散、次の総選挙の実施が決まった。中川がどの時点で立候補を決意したのかは不明だが、翌三六年二月中旬発行の各紙では大分県内の中立派候補として中川の名が明記されている(同年二月一八日付白杵新聞)。中川は同年二月一〇日過ぎには大分県入りし、支持者と会合を繰り返していた(二月一四日付白杵新聞)。中川は衆議院解散理由となった増租継続案については明確に反対を唱えていたので(二月二〇日付白杵新聞)、これを前面に押し出して選挙活動を戦ったものと推察される。当時の衆議院は第一党の立憲政友会と第二党の憲政本党が議席数を争っていたが、桂太郎内閣に対してはともに野党的立場にあった。そして、明治三六年第八回総選挙では、政友会側は憲政本党との正面衝突を避けるとのスタンスを取っていた(立憲政友会党報「政友」二八号)。

そのような政治情勢のなか、明治三六(一九〇三)年三月一日の総選挙で中川は一五五四票を獲得し、当選枠六人中五位で当選した(三月四日付白杵新聞)。実はこの得票数の内訳から中川の当選要因が推察できる。明治三五年の総選挙で憲政本党は、大分県から箕浦勝人、木下謙次郎、上原鹿造の三人を当選させた。そして、明治三六年の選挙では、同党三人の候補者のうち一人が上原から中嶋固一郎に変わった。明治三五年四月時点の大分県内郡別の衆議院選挙有権者数、そして明治三五年と明治三六年の選挙における中川久知、上原鹿造(憲政本党)、中嶋固一郎(憲政本党)の郡別得票数を示したのが表4-1である。

表 4-1　大分県各郡別の衆議院議員選挙有権者数と候補別得票数

		明治 35 年得票数	明治 36 年得票数	明治 35 年得票数	明治 36 年得票数
郡　名	総有権者数	中川久知	中川久知	上原鹿造	中嶋固一郎
大野郡	2449	179	751	1006	317
大分郡	2414	4	67	173	31
宇佐郡	2271		2		20
下毛郡	1626			1	15
速見郡	1619		5	13	35
東國東郡	1397	1		1	1
直入郡	1293	608	619	274	135
北海部郡	1202		109	1	1
西國東郡	781				
日田郡	745				
南海部郡	708		1	414	462
玖珠郡	669			241	242
合　計	17174	792	1554	2124	1259
	所属勢力	中立系	中立系	憲政本党	憲政本党
	選挙結果	落　選	当　選	当　選	落　選

保科（2016）を一部改変

表4―1から、落選した明治三五年と当選した明治三六年の中川の得票数の違いは一目瞭然だ。明治三六年の選挙では大野郡での票の大幅な積み上げに成功したのである。他の候補者の得票数を概観すると、同郡の憲政本党候補者の票が大きく減少していることがわかった。つまり、憲政本党が県内最大の有権者数を持つ大野郡で多くの票を失い、その票を中川がかっさらったのである。明治三六年選挙で憲政本党の中嶋は、総得票数一二五九票の次点となり落選した（三月四日付白杵新聞）。中川が憲政本党の大野郡の従来の支持者を奪ったから同党の得票数が減ったのか。それとも中嶋が前任者の上原の支持層をうまく引き継げなかったから、中川にその分の票が

流れたのかは「親鳥が先か卵が先か」の話になってしまうので真相はわからない。いずれにせよ、大野郡の憲政本党の大半の票を中川が食ったのである。明治三六年の選挙で落選はしたものの、中川と同じ中立系候補の坂本金彌が明治三五年選挙では大野郡得票数がゼロであったのに対し、同三六年では三六九票を獲得している（三月六日付白杵新聞）。同郡の有権者が支持を憲政本党から中立系候補に鞍替えしたことが推察される。

旧岡藩領の大分郡、直入郡、大野郡のうち、県内第二の票田である大分郡については、憲政本党の箕浦勝人と政友会の元田肇の両大物代議士が、明治三五年と三六年の選挙とも拮抗しつつ票を押さえており、中川を含む他候補が食い込む余地はない。中川は両年の選挙とも旧岡藩領の直入郡を支持基盤とし、同三六年選挙では県内最大の票田で同じく旧藩領の大野郡で票を大量に上積みしたので、当選できたのだ。このほか、この頃中川は県農会名誉会員と郡農会名誉会員となっており（衆議院事務局編『衆議院要覧』）、農業関係者からの票を獲得できた可能性もある。

選挙では最大の票田を制したものが勝つ。中川はいわば正攻法で勝利を収めたのである。

●7――帝国議会にて

中川が衆議院に当選を決めた明治三六（一九〇二）年三月一日から約二か月後の同年五月一二日、第一八回帝国議会が開会した。それに先立つ五月九日に中正倶楽部に入会している。なお、中正倶楽部とは立憲政友会・憲政本党の二大政党に属さず、政府に対して厳正中立の立場を取った政治会派である（山本『日本政党史』）。

議会開会の前日の同月一一日、議席と部属の抽選が行われた。中川は一四八番で全九部のうち第四部所属となった。その後、各部ごとに部長と理事を互選するのだが、新米議員の中川は両者とも選ばれていな

い。同月一四日には各部内で互選された常任委員（予算委員、決算委員、懲罰委員、請願委員）の選挙結果が衆議院副議長の杉田定一より報告されたが、中川はいずれの委員にもなっていない。

同年五月一六日、政府提出の「明治三十六年勅令第八號」（承諾ヲ求ムル件）（政府提出）が衆議院議事に上がり、委員会に付託されることとなった。副議長の杉田により（注、議長不快により副議長が代理）、九名の委員の一人に中川は指名された。ちなみに、「明治三十六年勅令第八號」とは、災害または天候不順により田畑の収穫が皆無となり、地租を納めるべき者が資力なしと所轄税務署が藩案した場合、税の三年以内の期間の年賦延納を許可できるとする勅令で、衆議院にその承諾を求めたものである（注⑥）。

五月一九日の第一回委員会で委員長と理事の互選のため委員が参集したが、中川は欠席である。その理由は不明だ。一方、同月二八日開かれた第二回委員会には出席した。この日の委員会の審議で主に取り上げられたのは、各県の税務局が税の延納を判断する場合、地方によって取り扱いに差が出てくるのではないかとの懸念である。つまり、非常に冷酷な官吏であれば、被害人民から延納の申し出があったとしても、ろくに調査しないのではないか等の危惧があった。そこで、出席委員からは延納を許可する、しないの境界はいかなる基準であるか、との政府への質問が出された。対して政府委員の若槻礼次郎大蔵書記官（のち首相）は、「その基準についてはあらかじめ厳密に定めることはできぬ。ケースバイケースだ」と答弁した。

中川は若槻に対して「（条文に）全部一部とあるが一部とはいかなる範囲であるか？」と問うた。質問は「明治三十六年勅令第八號」の第一条に「災害又ハ天候ノ不順ニ依リ府縣ノ全部若ハ一部ニ亙リ田畑ノ収穫皆無ニ歸シタル場合ニ於テ」とあるが、何割ぐらいの田畑に収穫被害が出れば〝一部〟の被害と認められ、結果地租の延納が許可されるのであるか、との意であろう。若槻は「範囲を厳密に決めてしまうと、かえって適用が窮屈だから、範囲を数字では示さない」と回答した。「では今までの政府解釈は範囲が狭

いのか広いのか」と重ねて問う。若槻答えて曰く「たとえば、どこそこの堤防が崩れた場合、政府は被害エリアが部分的であったとしても一村全体に被害が波及としてきた。つまり政府としてはなるべく被害範囲を広くするように解釈している」であると。中川は若槻のこの答弁に納得したのか、これで質問を打ち切っている。

この第一八回帝国議会で「災害地地租免除に関する法律案」が衆議院全会一致の賛成で貴族院に送付されていた。よって「明治三十六年勅令第八號」は、この法律案と内容が重複しており不都合が生じかねないとして、五月三〇日の第三回委員会で反対多数で否決されている。なお、これも理由不明ながら第三回委員会も中川は欠席しているので、結局彼が「明治三十六年勅令第八號」に賛否いずれの考えであったのか、結局のところ、委員会の議事録からはわからない。

次に、六月一日の本会議の「水利組合條例中改正法律案」の第二読会で記名投票による採決があった。結果は出席議員二二三名のうち賛成一〇七名に対し反対一一六名の僅差で否決された。中川は反対に票を投じているが、自らが所属する中正倶楽部のほとんどの議員が反対に回っている以上、中川が法案に反対したのが本意であったかどうかの判断はしがたい。

議事速記録から見るに、第一八回帝国議会会期中に中川が本会議で登壇し発言した記録はない。次の明治三六年一二月一〇日開会の第一九回帝国議会では議会冒頭に奉答文事件が起こり、翌日解散となった(『河野磐州傳』)。よって第一九回議会では議員活動も何もあったものではなかった。そして、中川は次の総選挙に立候補せず、これで代議士生活にピリオドを打ったことは上述のとおりである。

以上、中川の議員活動をまとめると、指名された委員会は三分の一しか出席せず、委員会での質問もありきたりなものだけだ。そして本会議での発言はゼロである。一期かぎりの新米議員であったことを考慮しても、彼の議員活動が低調であったことは否めない。ここからはやはり彼が代議士になったのはあくま

で担がれたからにすぎないからだ、と解釈すべきなのであろうか。

●8——同時代人からの評価

安東和彦氏は「中川が衆議院選挙に立候補したのは、農民の福祉のために役に立とうという思いが強かったのではないか」とも述べるが（安東「応用昆虫学者・中川久知」）、少なくとも「明治三十六年勅令第八號」の委員会の議事録からは、中川が将来災害で甚大な被害を受けるであろう農民のために熱弁をふるった、との事実は見当たらない。同郷の安東氏による中川評は「オラが郷土の偉人」との心情が上乗せされているように思える。また、同氏は「中川が議員になってどのような政治活動をやったのかまったくわかっていない」とするが、わかっていないというよりは「特筆すべき議員活動がない」と表現する方が正解だろう。結局のところ、衆議院議員としての中川久知の評価は、任期があまりに短すぎて判定不可能、とするほかない。

では、同時代人は昆虫学者としての中川をどのように評したか？　盟友・高千穂宣麿男爵は中川を「立派な才能を持ち乍ら寧ろ不遇に終つた氣の毒な人」（高千穂『鶯嶺仙話』）と同情した。何をもって不遇であったと断じたのかは不鮮明だが、学識に見合った地位を得られず、不幸にも優れた才を十分に発揮する場を与えられなかった、と高千穂は嘆いたのではあるまいか。高橋奨による中川への追悼文でも「中川氏は最も壮なる時期に応用昆虫学とは無関係の教職にあった」と、その不運が惜しまれた（高橋「中川久知氏の小傳と論文」）。

中川が代議士生活を終えて三か月後の明治三七（一九〇三）年六月の読売新聞に、覆面論士筆「今古人物鏡」との人物評の記事が載った（六月二七日付同紙）。そこでは中川が取り上げられている。〝覆面論士〟とはいうまでもなく匿名著者だ。その内容は中川に対する贔屓傾向が顕著である。よって、記事は相

当割り引いて読まねばならないものの、同時代人が中川をどう見ているかをうかがい知るうえで一つの参考資料とはなろう。

まず著者は中川を「世間の殆ど知らぬ學者」とする。しかし、著者は以下のごとく続ける。学者としての実力は、日本のみならず海外にも名がとどろく植物学の伊藤圭介に匹敵しよう。その伊藤翁と中川を比するのは「不倫の譏（そしり）を免れまい」が、その不倫とは社会、学界、その名声に過ぎぬのであって、中川の学問に対する誠実熱心さと蘊蓄の深さは伊藤圭介に十分に匹敵するのである、と明言する。

〝覆面論士〟は中川がいかに虫好きかも紹介する。熊本の第五高等学校教諭時代、中川は授業時間以外をことごとく採集にあて、書斎は昆虫で足の踏み場もない。蝶やトンボのみならずイモ虫、毛虫なども少なくなく、中川家の者でも見たら逃げ出す始末。しかし、中川本人はそのなかで平然と研究し続けた。俗人から見て本気の沙汰とは思えないぐらいだ、と。

つづいて人物についても激賞している。旧岡藩の藩士が中川を衆議院議員に推したため、中川はやむなく農商務省技師を辞職した。もちろん格別の競争もなく中川は当選した（注⑦）。昆虫学者を代議士にするなんぞ本人のために惜しむべきことであるが、彼の性質では旧藩士の要望を断ることができなかったのであろう。これも中川の徳望の一つである。そして、伯爵家から分家すると男爵くらいになれるはずだが、好んで平民となった。さらに中川は旧藩士の年少書生に対しても同等に扱うので、相手がかえって困っているそうだ、とも紹介した。

奇しくも中川が死去した大正一〇（一九二一）年一一月一二日は、平民宰相原敬が東京駅で暗殺された約一週間後にあたる。それゆえ、中川逝去時もその衝撃は収束し切れず、熊本の地方新聞も中央政局や原敬に対する追悼に多くの紙面を割いている。そういった世相のなか、中川の終焉の地となった熊本県の九州新聞の逝去記事からは、彼の別の面が見えてくる。

一一月一四日付の九州新聞は記事のなかで、中川のことを繰り返し「篤学家」と呼んだ。もちろん追悼記事であることを念頭に置いておく必要があるが、同紙は回顧者の口を借りて、中川が学問に対し真摯に取り組んだことを高く評価した。もちろん彼には天性の才があったはずだが、同世代人の評価は、中川はあくまで努力の人であった。

前掲、明治三七年の〝覆面論士〟は「中川久知は将来伊藤圭介に匹敵する一大学者になることが予想される。我々は多大な希望をもって氏の前程を祝福するのである」と記事を締めくくった。今日、普通サイズの歴史辞典でほぼ間違いなく名前が載る伊藤圭介と、大判の歴史人名辞典でもあまり立項されていない中川久知。〝覆面論士〟の予想は外れたといわざるをえないが、害獣防除研究に尽くした中川久知の名は応用昆虫学史上の、そしてマングース導入に警鐘を鳴らした科学史上の重要人物として、今後も語り継がれていくはずである。

第五章　人柄を買われた〝鳥の公爵〟——鷹司信輔

近代鳥類学は華族の学問であった。黒田長禮、蜂須賀正氏、山階芳麿ら著名な侯爵鳥類学者らと並び称されるのが、旧五摂家出身で〝鳥の公爵〟と呼ばれた鳥類学者の鷹司信輔（一八八九―一九五九）である。鳥類学の世界で華族学者が活躍できたのは、鳥類標本収集にそれ相応の資金が必要だったことが理由の一つと考えられよう。明治末頃から台湾の埔里社に拠点を置いていた標本商の朝倉喜代松は、華族界の黒田長禮侯爵や高千穂宣麿男爵らの多くの顧客を抱えていた。アサクラサンショウクイはこの朝倉に献名された鳥類であるが、カネがなければ標本商から研究材料を購入することはできず、したがって多くの標本を必要とする鳥の分類学にはなかなか取り組めなかったに違いない。「鳥類学は華族の学問」と言われる所以である。

鷹司には「日本海沿岸の島々の鳥」「臺灣次高山彙に於ける鳥類の高度分布」などなど、野外データに基づく研究業績がある。また、地味な仕事であるが、大正一三（一九二四）年、万国議員商事会議出席のために渡欧した際、日本の鳥類の原記載論文をかたっぱしから写し取って、日本に持ち帰ったことも鷹司の大きな業績の一つである。本職が分類学者の筆者にはよくわかるが、分類という代物はまず原記載論文を読まなければ、話が進まないのだ。

もっとも、彼の鳥類学者の名声をより高めたのは、野鳥の分類や生態研究ではなく、飼育鳥類に関する

書籍の出版である。鷹司は東京帝国大学理科大学動物学科の飯島魁教授から、飼い鳥学との研究テーマを与えられた。鷹司は鳥の飼育技術の向上の研究を続け、『飼ひ鳥』『飼鳥集成』『趣味の飼い鳥』などの本を次々に世に送り出した。とくに大正六（一九一七）年に初版が出た『飼ひ鳥』は、昭和三（一九二八）年には第六版が出るほどの名著であった（柏原「鷹司信輔」）。

明治四五（一九一二）年設立の日本鳥学会は、東京帝国大学の飯島魁教授が設立を呼びかけて発足した。飯島以外の六人の発起人の一人が鷹司である。また、鷹司は大正一一（一九二二）年から昭和二一（一九四六）年まで、日本鳥学会の会頭の地位にあった。その期間は実に四半世紀に及ぶ（井田『鳥学の１００年』）。このように、鷹司は近代鳥類学界の押しも押されもせぬ重鎮であったが、黒田、蜂須賀、山階の三侯爵と比較すると、現在の鷹司の知名度はやや落ちる。鷹司の鳥類学の功績を再評価する論文や報文が少ないのは、彼の主な研究対象が飼育鳥類であり、野生生物中心の動物学史の分野からは外れるとみなされるからかもしれない。

鷹司は大正七（一九一八）年から貴族院に籍を置いた。これは同年に信輔が公爵を襲爵し、義務として貴族院公爵議員にならされたがゆえである。黒田長禮や蜂須賀正氏の章同様、この第五章は鳥類学者・鷹司信輔の再評価を試みるものではない。貴族院の議事録を主な史料として、鷹司信輔がいかなる議員活動を行ったかを追跡することが主な目的である。なお、本章は拙文「帝国議会における鳥類学者鷹司信輔」を補筆訂正したものである。

●1——略歴

鳥類学者の蜂須賀正氏侯爵には村上紀史郎氏による一大伝記『絶滅鳥ドードーを追い求めた男』がある。同じ侯爵鳥類学者の黒田長禮には、それに該当する伝記はないが、近年その業績を再評価する論文が出た

（下稲葉・安田「日本哺乳動物学会と２人の哺乳類学者」）。一方、鷹司信輔はまとまった伝記がない。そもそも、伝記どころか、後世の科学史論文で再評価対象としてあまり取り上げられていない。鷹司の生涯を知る手軽な文献といえば、筆者寡聞にして柏原精一氏の概説程度しか思い浮かばない（柏原「鷹司信輔・飼育を科学にした鳥の公爵」）。

筆者は『華族履歴』（宮内庁書陵部所蔵）、「鷹司信輔履歴書」（参議院所蔵）および東京朝日新聞（昭和一五年以降は朝日新聞）の新聞記事を主な史料として、鷹司のおおよその年譜を作成したことがある（拙文「帝国議会における鳥類学者鷹司信輔」）。その年譜から抜粋して、鷹司の略歴を以下に記す。

鷹司信輔は明治二二（一八八九）年四月二九日、公爵鷹司熙通の長男として生まれた（図5-1）。幼少時から生き物への興味が強かったらしく、昆虫学者の伯父・高千穂宣麿男爵に「伯父様、これを採りました」と昆虫標本を見せたとの逸話が残っている（高千穂『鶯嶺仙話』）。明治三九（一九〇六）年八月一日、岐阜県の名和昆虫研究所を訪問し、所蔵標本を閲覧した。若き鷹司は研究所員の説明を熱心に聞くだけでなく、詳細な質問を投げ返した（『昆蟲世界』一〇巻一〇八号）。明治四四（一九一一）年四月二日、学習院高等学科卒業、さらに大正三（一九一四）年七月一〇日東京帝国大学理科大学卒業、同年一〇月一〇日には同大学大学院に入学する。東京帝大理科大学時代の同級の一人が昆虫学者の木下周太で、木下とは晩年に至るまで親しい交友が続いたそうだ（江崎「木下周太先生」）。

図5-1　幼少時の鷹司信輔（右）。高千穂宣麿『鶯嶺仙話』より引用。

大正四（一九一五）年一〇月四日、皇子傅育官に任ぜられた。このあたりから、公爵家の跡取りとして、宮中関連の役目を仰せつけられることが増えてくる。たとえば、同年一一月には淳宮と高松宮の京都行きの随行、そして一二月には、この両宮の小田原行きの随行を命ぜられているのである。本心では「もっと鳥と戯れていたいのに」などと、ため息をついていたのであろうか？

大正五（一九一六）年一一月二六日、二七歳になった鷹司は徳川家達公爵の次女の綏子と結婚式を挙げる。さすがは公爵家同士の縁組というべきか、一二月五日には、築地精養軒に寺内正毅首相ら政界要人を招き、盛大に結婚披露会が催された。身を固めた大正時代後半は、引き続き天皇家の宮様の随行を度々命じられることになる。

そして、大正七（一九一八）年六月一〇日、鷹司は公爵を襲爵し、自動的に貴族院議員となった。大好きな鳥類研究に費やす時間は減ったはずである。さらに、大正一一（一九二二）年一月一一日、大正一一年歌会始読師控を仰せつけられた。翌一二年の一月にも同様のお役目を命ぜられている。旧五摂家の公爵家を継いだ以上、この手の貴族風の仕事が回ってくるのは仕方がないのである。

大正一二年（一九二三）年六月三日、大阪毎日新聞本社で「飼鳥に就て」との題目で講演した（六月三日付大阪毎日新聞）。大正一三（一九二四）年四月一九日、ブリュッセル万国議員商事会議に出席のため、横浜を発つ。しかし、旧摂家の公爵そして貴族院議員としての公務に励む間も、鳥好き華族としての面目を絶対に失わないのが鷹司信輔である。昭和二（一九二七）年、一〇月一三日から一六日まで、赤坂溜池の三會堂で小鳥約三七〇種の展覧会を主催した。昨今でも、四〇〇種近い鳥を一堂に集めるのは珍しい催しではあるまいか。そうかと思えば、翌月の一一月二九日、近衛文麿が設立した貴族院公侯爵議員の新団体・火曜会に参加、華族会館で開かれた初会合に出席した。後述するように、政治とはほぼ無縁で、鳥類研究一辺倒だった黒田長禮と蜂須賀正氏両侯爵とは異なり、鷹司は政局の場に引きずり出されることがし

ばしばあった。同じ旧五摂家とのしがらみゆえか、政治的野心が強い近衛文麿と近い間柄にあった。近衛との関係が、鷹司を政局に関与させた原因の一つかもしれない。

昭和六（一九三一）年七月一一日、鷹司は上野を発ち、北海道の国立公園候補地の視察に向かった。鳥類学者としての見識を買われてか、これ以降も国立公園がらみの視察を命ぜられることがしばしばある。昭和八（一九三三）年、鳥類研究および国立公園候補地視察のため二週間台湾に滞在し、一二月一八日、門司に帰港した。

昭和一〇（一九三五）年二月二二日、華族会館総会が開催され、鷹司は満場一致で華族会館長に選ばれた。華族界のリーダーとしての役割が期待されていることがわかるが、その責任をどう受け止めていたかは、本人に聞くしかない。昭和一一（一九三六）年以降、忙しい公務の合間を縫うように、野鳥を紹介するラジオ番組にしばしば出演した。前述の大正一二年の大阪毎日新聞本社での講演活動も踏まえると、鷹司の鳥に関する普及啓発活動は再評価に値する。また、昭和一二（一九三七）年には、上野動物園のキリンの赤ちゃんの名前を決める審査委員を務めるなど、市民と向き合う仕事も請け負った。いっては悪いが、こんな審査委員までやらされるとは、公爵サマはつくづく忙しい人なのだ。

昭和一二年七月七日支那事変が勃発。ほどなく戦争は泥沼化の様相を見せ始め、鷹司も戦争とは無縁ではいられなくなる。昭和一五（一九四〇）年一〇月三日、民間愛鳩家が組織する國防鳩隊の隊長の鷹司は国防服を着て、伝書鳩の活躍状況を視察。同年一一月一六日、朝日新聞社七階講堂で國防鳩隊の講評会が開催され、鷹司隊長も出席した。

敗色濃い昭和一九（一九四四）年八月二九日には、官幣大社明治神宮宮司に任ぜられた。昭和二〇（一九四五）年の敗戦を経て、昭和二二（一九四七）年、日本国憲法施行により、鷹司は公爵ではなく〝ただの人〟となった。鷹司が六九歳で死去したのは昭和三四（一九五九）年二月一日のことである。

●2——世間から議長候補と目された貴族院の重鎮

大正七（一九一八）年六月、鷹司信輔は公爵を襲爵し、貴族院議員となった。そして同年一二月二七日開会の第四一回帝国議会から最後の帝国議会である第九二回議会まで、貴族院議員として国政に関与し続けることとなる。

議員デビュー議会となった第四一回議会では、ほかの公爵議員同様、無所属として活動していた。しかし、昭和元（一九二六）年になると、公爵議員のなかで新しい政治的な動きが起こった。旧五摂家の一人の近衛文麿公爵は、貴族院内の新会派結成に向けて、若手公侯爵議員と意見交換をしていた（古川『近衛文麿』）。昭和二（一九二七）年一一月二九日、近衛を中心とする親睦団体の火曜会が華族会館で発会式を挙行した。火曜会発足以降、鷹司は政治的に近衛と行動をともにしていくことになる。そして翌三年一月二五日、表面上、親睦団体にすぎなかった火曜会を貴族院内の政治会派とすることが決議された（霞会館編集『貴族院と華族』）。同年三月一四日、近衛や鷹司ら二六名は会派・火曜会を結成、四月二三日開会の第五五回帝国議会より火曜会は議会内の会派の一角を占めることとなる。以後、鷹司は最後の帝国議会まで火曜会に所属し続けた。

火曜会は会派ではあって政党ではない。よって、火曜会に所属したことで鷹司の政治的旗色が鮮明になったわけではない。ただし、昭和八（一九三三）年六月に火曜会の中心的存在であった近衛文麿が貴族院議長となると、同会派内の鷹司の地位が否応なく重くなった様子がうかがえる。翌昭和九年一二月二六日開会の第六七回帝国議会で、他の貴族院会派や首相との交渉に火曜会の代表として臨む場面が目立つ。たとえば、昭和一〇（一九三五）年二月二二日に開かれた貴族院各派交渉会で内閣の法律案提出に遅延ありとの意見で一致、他の会派の代表とともに岡田首相を訪問、貴族院の意向を伝えた（二月二三日付東京朝

日新聞）。ついで同年三月一五日、貴族院各派交渉会で満州国皇帝の歓迎方法は近衛貴族院議長に一任することを発議、各派に了承された（三月一六日付東京朝日新聞）。さらに三月二三日貴族院各派交渉会で重要議案遅延問題が協議され、火曜会代表として他の会派六人とともに岡田首相を訪問し、警告を与えた（三月二四日付東京朝日新聞）。

このように、鷹司は政局の矢面に立つ（ないしは立たされている）ことがしばしばあった。自身がそれなりに政治的な使命感を持っていたからか、後に青年宰相と呼ばれた近衛文麿と同じ旧五摂家の公爵家に生まれ、彼と行動をともにしてしまったがゆえの不運なのか、それは本人のみぞ知るところである。いずれにせよ、鷹司信輔は政治家としての一面があるとの点で、政治とは徹頭徹尾関与せずにすんだ侯爵議員の蜂須賀正氏・黒田長禮両鳥類学者とは大きく異なる。

近衛文麿は組閣に伴い、昭和一二（一九三七）年六月七日に貴族院議長を辞任した。要職者の退任が近くなると、後継候補が新聞上で取りざたされるのは今も昔も変わりはない。六月二日付東京朝日新聞はまず徳川圀順、次いで鷹司信輔の両公爵が次期議長候補であると報じた。実際には松平頼寿伯爵が就任したので、結果的にこの記事はまったくのガセネタだったということになる。ただ、事実はどうあれ、世間から貴族院議長候補と目されたことは、鷹司の火曜会や貴族院内における政治的地位の重さによるものと考えてよいだろう。

●3――貴族院委員会では鳥類学者としての専門知識をほとんどいかせず

鷹司は大正七（一九一八）年の第四一回帝国議会から貴族院に籍を置いたが、昭和二（一九二七）年一二月二六日開会の第五四回議会まで所属委員会はゼロである。大正後半から昭和初期までの議員活動には言及すべき点がない。昭和三（一九二八）年四月二三日開会の第五五回帝国議会以降は、常任委員会や特

別委員会の諸委員に選出されていった。ただ、委員会内で鳥類学者ないしは動物学者の専門知識が生かせる場面はなかった。もちろん、そもそも鳥類学や動物学の分野が絡む法案自体が少ないのだが、それでも狩猟や畜産関連の議案はないわけではない。残念ながら貴族院議員鷹司信輔は、動物学の専門家としての識見は期待されていなかった、ということになる。

　所属委員会一覧のなかで唯一鳥類学者としての本領が発揮できそうなのは、昭和五（一九三〇）年一二月二六日開会の第五九回帝国議会中の国立公園法案特別委員会である。しかし、国立公園法案でも鷹司の博識が生かされることはなかった。この件については本章5節で後述する。

●4――議会では基本ベンチウォーマー

　公爵と侯爵の華族は満二五歳、大正一四（一九二五）年の貴族院令改正以降は満三〇歳になると自動的に貴族院議員となった。もっとも、議員歳費はなかったので「貴族院議員になれる権利」というよりは「貴族院議員をさせられる義務」と呼んだ方が正確である、とは序章で述べた。たとえば、鷹司が国務大臣に鋭い質問を浴びせるといった構図は見られない。本会議における発言は、いくつかの例外を除き、ほぼ委員長報告に限られる。鷹司は特別委員会の委員長に選出されていることが少なくない。となると、本議会の場で特別委員会の審議結果の報告のため、鷹司委員長が登壇するのは意志ではなく強制である。

　では、常任委員会や特別委員会の審議中はどうであったか。議事速記録を見るかぎり、委員長職にある場合は淡々と議事を取り仕切り、ヒラの委員の場合は出席しても大体黙していることがわかる。つまり、議事速記録を漁っても、鷹司が個別の法案に対し、いかなる考えを抱いていたかはほとんど読み取れないのだ。同じ華族学者でも議場で活発に発言していた田中芳男や（第七章参照）、法案の趣旨とはピント外れでありながらも渋い発言を残している高千穂宣麿と比較すると（第六章参照）、鷹司はこの点で大きく異な

Book review

JUNE 2021

6月の新刊

勁草書房

〒112－0005 東京都文京区水道 2－1－1
営業部 03－3814－6861 FAX 03－3814－6854
ホームページでも情報発信中。ぜひご覧ください。
https://www.keisoshobo.co.jp

共に社会を生きる人間

社会の哲学と倫理学

中山康雄

人間とは何者か。社会組織はどのように構築され安定するのか。私たちはどのように生きればいいのか。論理学的な人間モデルで考える。

四六判上製 304 頁　定価 3520 円
ISBN978-4-326-15476-0

50 州が動かすアメリカ政治

久保文明・
21 世紀政策研究所 編著

州政府が巨大な権限をもつアメリカ。日本では想像もつかない、州が連邦に与える影響とは？　それは企業活動に何をもたらすのか？

A5 判上製 256 頁　定価 3520 円
ISBN978-4-326-30302-1

歴史認識問題とメディアの政治学

戦後日韓関係をめぐるニュースの言説分析

三谷文栄

KDDI 総合研究所叢書 10

独占禁止法の研究

舟田正之

6月の重版

社会科学系のための「優秀論文」作成術
プロの学術論文から卒論まで
川﨑 剛

「論文ってどう書けばいいんだ?」と一度でも悩んだことのある、社会科学の学徒たちへ。他人に差をつけるノウハウ、教えます。

A5判並製 196頁 定価 2090円
ISBN978-4-326-00034-0 1版11刷

思考力改善ドリル
批判的思考から科学的思考へ
植原 亮

クイズ感覚で問題を解いてクリティカル・シンキングの力を養い、科学リテラシーがぐんぐん身につく! 考える力を磨くための27章。

A5判並製 216頁 定価 2200円
ISBN978-4-326-10285-3 1版7刷

消費者心理学
山田一成・池内裕美 編著

商品選択から買い物依存症まで、最新の研究成果を満載。消費社会における人間の心と行動を科学的に解説した待望の新テキスト。

A5判並製 240頁 定価 2970円
ISBN978-4-326-25128-5 1版6刷

軍事理論の教科書
戦争のダイナミクスを学ぶ
ヤン・オングストローム
J・J・ワイデン 著
北川敬三 監訳

戦争の本質とは何か? 陸海空軍の特徴とは? 軍人が従う「戦いの原則」とは? 軍事リテラシーを身に付けるのに最良の一冊が登場!

A5判並製 320頁 定価 3300円
ISBN978-4-326-30296-3 1版3刷

民法〔財産法〕講義
長坂 純

2020年4月1日に施

ネット炎上の研究
誰があおり、どう対処するのか
田中辰雄・山口真一 著

炎上はなぜ生じる

A5 判並製 416 頁　定価 3960 円
ISBN978−4−326−40379−0　1 版 2 刷

A5 判並製 256 頁　定価 2420 円
ISBN978−4−326−50422−0　1 版 6 刷

書評掲載書のご案内

日本経済新聞（6 月 12 日）「今を読み解く」掲載

Ctrl+Z 忘れられる権利

メグ・レタ・ジョーンズ 著
石井夏生利 監訳
加藤尚徳・高崎晴夫・藤井秀之・村上陽亮 訳

学際的な視点と豊富な事例をとおして、言論の自由・プライバシー・尊厳の問題を提起する「忘れられる権利」を詳細に論ずる学術書。

四六判上製 292 頁
定価 3850 円
ISBN978-4-326-45123-4

日本経済新聞（6 月 12 日）「半歩遅れの読書術」掲載

学校選択制の政策評価

教育における選択と競争の魅惑

山下　絢

学校選択制の実態と課題を実証的に明らかにし、今後の学校選択制の導入・発展・見直しに関して、エビデンスに基づく政策決定を問う。

A5 判上製 200 頁
定価 4180 円
ISBN978-4-326-25150-6

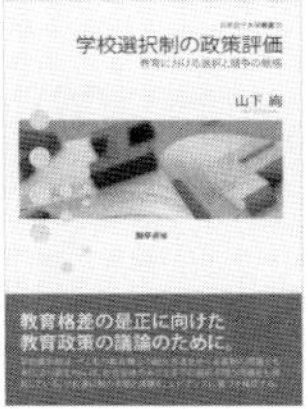

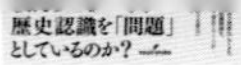

A5 判上製 276 頁　定価 5500 円
ISBN978-4-326-30303-8

A5 判上製 480 頁　定価 5500 円
ISBN978-4-326-40393-6

法とジャーナリズム〈第 4 版〉

山田健太

「表現の自由」が先鋭的に問われる今、ジャーナリズムと法という2つの重要観点から議論を整理し見通すための定番書、第4版刊行！

A5 判並製 448 頁　定価 3300 円
ISBN978-4-326-40394-3

図でわかる経営マネジメント

事例で読み解く 12 の視点

雨宮寛二

最新の内容を盛り込んだ成功事例を基に、コア事業を持続させていく過程にて必要不可欠な経営マネジメントを図表で理解する入門書。

A5 判並製 240 頁　定価 2970 円
ISBN978-4-326-50483-1

ロスト欲望社会

消費社会の倫理と文化はどこへ向かうのか

橋本 努 編著

「ロスト欲望」時代の消費文化は、どのような駆動因により動くのか。歴史を整理する枠組みを提示、衰退期日本の今後を展望。

A5 判上製 276 頁　定価 3520 円
ISBN978-4-326-60338-1

移民をどう考えるか

グローバルに学ぶ入門書

カリド・コーザー 著
是川 夕 監訳　平井和也 訳

基本的データから最新の研究、そして将来像まで、世界標準の考え方をコンパクトに凝縮した画期的イントロダクション！

四六判上製 192 頁　定価 2970 円
ISBN978-4-326-65429-1

る。鷹司の議会における発言記録を集めても、事務報告のようなものばかりで全然面白くないのである。ようするに鷹司信輔は帝国議会の〝ベンチウォーマー〟であった。もっとも、彼は別に好きで貴族院議員になったのではない。よって、感情論で言えば低調な議員活動を責めるのは酷と思えるものの、それは特権階級に生まれた鷹司の責務ではないか、と冷たく突き放すこともできよう。

●5――国立公園法案特別委員会に選ばれながらも……

鷹司は昭和二（一九二七）年三月一一日付東京朝日新聞に「鳥を保護すべき」との談話を寄せた。そのなかで「人類の文明活動が鳥類の安住の地を脅かしている」とし、「鳥の捕獲を禁じ安らかな生息場所を与えるべきだ」と述べている。同様の見解は著書『鳥と暮して』の序文にも見られる。鳥類学者としては真っ当な主張である。

令和の現在、鳥類の保護に寄与している法律の一つが昭和三二（一九五七）年成立の自然公園法であるが、日本の自然公園の基本的性格を定めたものが昭和六（一九三一）年制定の国立公園法である。我が国の国立公園は明治末頃から行政の場で意識されるようになった。そして大正一〇（一九二一）年以降は帝国議会に対する国立公園設置の請願や建議が相次いでいたとの事実がある（俵「国立公園法時代までを対象とする国立公園論」）。

昭和六（一九三一）年国立公園法制定までの帝国議会における政治的駆け引きや背景の考察研究は、ほぼ衆議院の論争を舞台にしたものに限られて、貴族院内の動向についてはほとんど言及されていない（たとえば、水内・古谷「国立公園法成立をめぐる政治過程とその背景」）。それもそのはず、国立公園史の専門家の間では「貴族院ではとくに議論もなく国立公園法は採択された」と捉えられているからである（村串「日本の国立公園の制定（上）」）。

事実、第五九回帝国議会での国立公園法に関する貴族院の本会議および特別委員会の議事速記録からは、本質的な議論がなされた形跡はうかがえず、すんなり通過したとの印象がある。貴族院の国立公園法案特別委員会が開かれたのは昭和六（一九三一）年三月一四日であるが、鷹司はこの特別委員会の委員でありながら、なぜか会議を欠席している。よって、鷹司が特別委員会の場で鳥類保護の立場から専門知識をまくしたてる、との場面はあるはずもなかった。黒田長禮の第二章でも述べたが、鳥類学者たちは、なぜか肝心な委員会のときに限って、欠席してくれるのである。

時はやや遡り、国立公園設立を推進する国立公園協会が田村剛らによって設立されたのは昭和二（一九二七）年一二月である。会長は細川護立侯爵であるが、役員のなかに鷹司の名前はない。そして国立公園法は自然保護よりも利用開発に傾斜して出発したとの批判があるが、どちらかと言えば鷹司も、国立公園史のなかで観光推進側の人間として扱われている（村串「日本の国立公園の制定（中）」）。実際、昭和六（一九三一）年七月、国立公園候補地視察のために北海道阿寒へ調査団が派遣されたが、鷹司は国際観光委員の一人として調査団に参加していた。

国立公園の成立に関しては、鷹司信輔は北海道や台湾の国立公園候補地の視察者としての役割にほぼ限定されていると言えそうである。

●6――あわや物理学者田中館愛橘との論戦勃発寸前に！

昭和八（一九三三）年一二月二六日開会の第六五回帝国議会中の昭和九（一九三四）年三月二四日、鷹司はとある建議案の説明に立った。一八人の発議者、賛成者二二四名を代表して「度量衡制度調査会設置に関スル建議案」の趣旨説明を行った。この建議案は我が国の度量衡制度の討究審議を重ねるため、官民有識者よりなる調査会を設けることを求めたものである。このときの説明は「現行の度量衡制度は大正一

〇年にメートル法に強制的に統一されたが、民間では旧来の尺貫法が根強く使われている。尺貫法は我が国の文化であり歴史的情操でもある。世間には尺貫法を完全に捨てるべき、尺貫法とメートル法を併用すべき、メートル法の強制を貫徹すべきとさまざまな意見がある。そこで、我が国の文化、対外貿易、農山漁村の国民生活等の実情を調査し、国情に即した度量衡制度の確立と運用を各方面の権威者からなる度量衡調査会で審議すべきだ」と要約できる。

鷹司信輔を秀でた鳥類学者として評価したい後世の科学者からすれば、やや残念に思える発言ではある(注①)。メートル法が完全に定着した現代に生きる我々からすれば、尺貫法は旧態依然の測定基準だからである。鷹司は「メートル法を廃棄せよ」とまでは言っていないが、審議の結果次第では当時浸透しきっていなかった国際規格のメートル法の普及が、さらに遅れるリスクが生じたはずである。鷹司登壇の後、斎藤実首相は「政府として度量衡制度をいまさら変更する必要を認めず」と反対意見を述べたが、建議案賛成者二二四名との人数からして建議案が可決されるのは自明の理であった。鷹司を支持する賛成者の登壇が相次いだが、一人敢然と鷹司提案に反対を表明した議員がいた。帝国学士院選出の物理学者田中館愛橘(一八五六―一九五二)である。メートル法導入に尽力した田中館の経歴からいって、メートル法を後退させかねない建議案に反対するのは当然だ。田中館の演説は非常に長きに及んだが、まとめると「ようやく民間に定着しつつあるメートル法が調査会の委員の面子次第では尺貫法に戻される可能性がある。いまさら度量衡制度を調査する委員会の設置なんぞは断じて認められぬ」との断固たる反対意見である。

鷹司は建議案の趣旨説明を終えた後、自席に引っ込んだので帝国議会の場で田中館愛橘との論戦は発生しなかった。採決の結果、鷹司が説明に立った「度量衡制度調査会設置に関スル建議案」は賛成起立者多数で可決された。また、この第六五回議会では「度量衡法中改正法律案特別委員会」が設置され、鷹司は特別委員に指名されている。ただ、幸か不幸か鷹司は委員長に選出され委員会の議事進行役に専念したの

で、鷹司本人が度量衡法をどのように考えていたかは委員会議事録からは読み取れない。

鷹司信輔は旧五摂家の公爵であるため、どうしても代表者として他人から推されやすい。よって、前述のような建議案や決議案の趣旨を説明した登壇が、はたしてどこまで本人の意思によるものなのかは断定しがたい面はある。

●7――戦争への協力

公爵そして政治会派の火曜会重鎮との立場にあったせいか、鷹司は建議案や決議案の説明者として登壇したことが何回かあった。昭和七（一九三二）年一月に第一次上海事変が勃発し日中両軍が衝突、満州でも断続的に戦闘状態が続いていた（白井『満州事変』）。同年三月の満州国建国から約半年後の第六三回帝国議会中の九月三日、鷹司は「陸海軍将兵ニ対スル感謝決議案」を提出した。登壇し、「満蒙や南支方面にて同地域の治安と在留邦人の生命財産を保護している陸海軍に衷心感謝の意を表明したい」と決議案の趣意説明を行った。この決議案は全会一致で採択されている。

次は大東亜戦争中の第八〇回帝国議会（昭和一七年五月二七日開会）における鷹司について。議会開会日はちょうどミッドウエー海戦における大敗北の寸前で、日本陸海軍が破竹の勢いで快進撃していた時期だ。議会開会日に、鷹司信輔を含む発議者七名、賛成者四二名による「陸海軍将兵ニ対スル感謝決議案」が提出された。鷹司はここでも登壇し「フィリピン、ビルマ、セイロンにおける陸海軍の連戦連勝を讃えたい。そして戦死者・戦傷者に対し深く感謝したい」と説明、決議案は全会一致で可決された。

上記二件の些細な発言を取り上げて「鷹司は軍国主義の走狗になった」と後世から難癖をつけるのはたやすい。もちろん、現在の価値観で戦前戦中期の政財界の要人の言動をああだこうだ言うのは非建設的、と筆者は考える。ただ、生まれながらの特権階級にある人間は、結果だけで後世から評価されるのはやむ

なし、との冷めた見方をする人はいるかもしれない。

帝国議会における発言を見るかぎり、代表や委員長に選ばれたので、やむなく義務的に登壇したと思われる事例が多い。しかし、完全に本人の意思で行ったと考えられる演説がある。

●8——ほぼ唯一の自主的な演説か？　「国立自然科学研究施設を充実させよ」

昭和一四（一九三九）年一二月二六日開会の第七五回帝国議会。同議会中の昭和一五（一九四〇）年三月一五日、予算に関する審議の途中、鷹司信輔は演壇に登った。天然資源の探求や利用の重要性を説く。北米ではミシシッピー川流域は本来不毛の草原であったが、有用な植物の栽培により豊穣の地となった。米国の成功例は我が国が今後北支蒙の地を開発するにあたり参考となるだろう。次に日本の現状を憂いた。近年サケやマス、タラバガニの漁獲量が減っているが、これすべて基礎研究が足らぬからである。米国では基礎研究の結果、有孔虫が石油採掘の際の重要な指標になることがわかってきた。一方、日本では出征軍人の脅威であるマラリアを媒介する蚊の研究者すらいないではないか、と。演説の内容は農学、水産学、エネルギー資源、衛生昆虫学と広範囲に及んでしまっているが、ようするに「日本は基礎研究が足らぬ」と強調したいのである。鷹司は続ける。しからば外国ではどうか。英国では大英博物館に毎年一〇万ポンドの予算を投じている。米国ではスミソニアンの研究所に毎年七五万ドルの予算を当てている。さらに、満州国では四〇〇〇万円の経費で新京に国立博物館を建設し、天然資源の研究を行うことが決まったのに、東亜の盟主である日本には同等の研究機関がない。科学博物館があるにはあるが、これは社会教育施設であり、天然資源研究を行う機関ではない。科学博物館に予算を投じても、国家が必要とする資源開発を達成できない。現在、日本のあらゆる学会が天然資源の研究に邁進するとの決意を表明している。貴族院でも田中館愛橘博士などが純正科学の必要性を説いているではないか、と。そして鷹司は「此ノ際政府ニ於

カセラレマシテハ、之ニ關シテ至急考究設置ヲ爲ス御意思ガ有ルカ無イカヲ、此ノ際伺ッテ置キタイト思フノデアリマス」と締めくくった。政府には十分な科学的研究を行える施設を建設する意思があるのか、と問いただしたのである。対する米内光政首相の回答は「政府として検討します」と型通りのものだったが、この答弁は鷹司としても予想の範囲内だったに違いない。まさか米内首相が「はい、わかりました。では、内閣としてすぐに博物館建設の予算を組みます」とその場で快諾する、などと楽観視していたわけではあるまい。

著書『鳥と暮して』で鷹司は、世界二大博物館の一つとして大英博物館を紹介している。そのなかで、欧米の一流博物館では社会教育と調査研究の二つの目的がある。一方、日本ではようやく自然科学博物館と歴史美術系博物館が分けられるようになった段階にすぎない。日本の科学博物館が専門家を育成する博物館と、一般市民への普及啓発を行う博物館の二つに分かれるような時代が早く来ればいいのに、と希望を述べている。この指摘は「日本の博物館は調査研究部門が弱い」と要約することができよう。

筆者自身はなまじ鷹司を一流の鳥類学者だと色眼鏡をかけて見るものだから、以下多少割り引いて読んでもらいたい。鷹司は演説で「自然史博物館」との単語を使っていないが、海外の国立博物館を例に出して「至急考究設置ヲ爲ス御意思ガ有ルカ無イカ」と政府に問うた真意は「天然資源を研究する国立自然史博物館を日本にも設置せよ」との要望の表明にあったと思う。すでに日中戦争は泥沼化しており、さすがに時局柄「鳥類を研究できるような博物館の建設」とは口にしにくかっただろうが、真の狙いは博物学研究の推進にあったと思われる。ただし、昭和一五（一九四〇）年三月のこの演説は、鳥類学者鷹司信輔の優れた見識を世に知らしめたが、「国立自然史博物館をさっさと作れ」とまでは言い切っておらず、迫力を欠くのも事実である。会派火曜会の重鎮で、政局に責任がある優等生公爵は、戦時下の議会での発言が抑制気味となるのはやむをえぬところか。

●9——戦後の帝国議会における姿勢

鷹司信輔はもともと帝国議会の本会議と委員会で活発に発言する議員ではなかったと本章4節で述べた。大東亜戦争開戦直後に召集された第七八回帝国議会以降、その傾向はさらに顕著になった。登壇して「陸海軍将兵ニ対スル感謝決議案」の説明をすることもあるにはあったが、彼は戦時議会の場でほぼ口を閉ざすようになる。

昭和一八（一九四三）年一二月二六日開会の第八四回議会まで、鷹司は何かしらの常任委員会と特別委員会委員になっているが、委員長には選出されていない。当時の特別委員会の議事速記録を見ると、委員として出席はしているのだが、ずっと黙っているので、発言はまったく記録されていない。昭和一九（一九四四）年八月二九日に明治神宮宮司に任命されると、同年一二月二六日開会の第八六回帝国議会以降、委員会のヒラ委員にすら選出されなくなった。そして、終戦を挟み、いかなる委員会委員にも指名されないまま、帝国議会の終焉に立ち会うことになる。

そもそも第八六回議会以降、鷹司が議会の場にいたかどうかも定かではない。一例を出すと、昭和二〇（一九四五）年六月一〇日、「憲法第三一條ノ非常大権発動奏請ニ関スル建議案」に対し、島津忠彦男爵が議事日程に追加して、この建議案の会議を開くことを求める動議を提出した。この動議は記名投票で採決されたが、鷹司信輔の名は賛成者と反対者のどちらにも見られない。

昭和二〇（一九四五）年八月一五日、大日本帝国は無条件降伏した。終戦後近衛文麿や徳川義親らは爵位の返上を表明した。貴族院議員を辞職する華族も相次いだ（内藤『貴族院』）。敗戦のけじめをつけたいとの意思表示だが、一方で無責任と批判することもできる。そのようなか、鷹司は貴族院に踏みとどまった。敗戦後、宮内省は華族を取り締まる宗秩寮審議会に華族制度について諮問した。鷹司は旧五摂家を

代表して審議官となったが、審議会自体は華族制度を根本的に見直す結論には至らず、計二回で打ち切りになっている（小田部『華族』）。

昭和二一（一九四六）年六月二〇日開会の第九〇回帝国議会中の八月一六日、議員在職二五年以上に達した鷹司は永年在職議員の表彰を受けた。鷹司は登壇し「先輩のご指導のおかげでここまで来られました。深く感謝致します」との類いの謝辞を述べた。この型通りの面白くも何ともない挨拶が、帝国議会における鷹司信輔最後の発言である。

●10——温厚篤実な人柄が買われたか？

議会議事速記録には多くの鷹司信輔の発言が記録されている。ろくに口を開かなかった鳥類学者仲間の黒田長禮・蜂須賀正氏両侯爵とは雲泥の差である。ただ、4節で述べたように、委員会委員長に選ばれることが少なくなかった鷹司の発言を集めると、「ほかにご異議はありませんか」「では、これにて〇〇委員会を終了します」との類いのものばかりが積み上がってしまう。鷹司の明らかな自主的発言となると、8節の国立研究施設の充実を求めるものにほぼ限られよう。ただし、このほぼ唯一ともいえる自発的な演説が、鷹司の卓見を示すものであったことは救いである。議会で黙々と議事進行役を務めた鷹司信輔は、貴族院議員としては及第点がもらえるはずである。

おそらくは、最上位の公爵との地位もさることながら、「鷹司公爵殿なら要職を任せても大丈夫だ」と他の貴族院議員に思わしめる雰囲気を持っていたに違いない。頼まれると嫌とは言えない温厚篤実さ。そして、小さな仕事もおろそかにしないとくれば、任される仕事が増えるのは必然である（柏原「鷹司信輔」）。鷹司は議会の外でもとにかく肩書が多い。前述の國防鳩隊の隊長やキリンの赤ちゃんの命名審査委員もその一つだが、昭和一二（一九三七）年時点では、風景協会の会長職まで引き受けていた（風景協會

編『日本風景讀本』)。人柄がよすぎるのも良し悪しである。

対照的に蜂須賀正氏は帝国議会の場で委員長や主査に選出された経験はないが、それは当たり前である。議会にやる気を一向に示さない蜂須賀は他の議員に「こいつにだけは議事進行役を任せられない。当日委員長が委員会をサボったらどうするのよ」と見放されていたに違いない。鷹司信輔公爵は、真面目な人柄を買われてしまったがゆえに、多忙な貴族院議員活動を余儀なくされてしまったのだ。鷹司にもっと自由に研究できる時間を与えられていたならば、彼は鳥類学へのさらなる貢献ができていたはずである。

第六章　国立自然史博物館建設を訴えた博物学者——高千穂宣麿

大正時代。「国立自然史博物館を建設せよ」「国立水産試験場を設置せよ」と、帝国議会で国立研究機関の充実を訴え続けた一人の博物学者の貴族院議員がいた。その名を高千穂宣麿（たかちほ・のぶまろ）男爵（一八六四―一九五〇）という（図6-1）。

よく勘違いされるが、タカチホヘビの名の由来は宮崎県の高千穂町とはまったく関係ない。日本人でこのヘビを最初に採集したのが高千穂宣麿その人だったからである（松橋・富田『日本のカメ・トカゲ・ヘビ』）。高千穂宣麿は英彦山神社（現在の英彦山神宮。福岡県添田町。図6-2）の宮司を務めるかたわら、英彦山を中心として、さまざまな動物の採集三昧の生活を送った（注①）。高千穂は丁寧に昆虫標本を作製したので、彼が残した標本は戦後発刊の『原色日本蛾類図鑑』の図版に使われたほどである。また、鳥類の狩猟の腕もなかなかのものだったらしく、剥製標本にしやすいよう、創傷を最小限に抑えて、鳥を仕留めることができた。同時代人の動物学者は高千穂の腕を「銃猟

図6-1　高千穂宣麿（大正四年当時）

図6-2　現在の英彦山神宮

巧妙」と称賛している。高千穂はこれらの採集標本や野外観察の成果をもとにして、「英彦山の動物」（一八九〇年）、「あまがへるノ産卵ニ就テ」（一八九五年）、「ハンザキ九州に産す」（一九一六年）など、数々の博物学関連の論文を『動物学雑誌』に発表した。

高千穂が最も活躍したのは博物学のなかでも昆虫学分野である。たとえば、彼の論文「英彦山ニ産スル蝶類」（一八九〇年）で、高千穂は五七種のチョウを英彦山から記録した。およそ七〇年後の一九六一年当時の英彦山産チョウの種数は八八種なので、高千穂は同山のチョウの実に約三分の二を把握していたことになる。

純粋に学問実績として見た場合、高千穂が発表した諸論文は、同時代に生きた桑名伊之吉や佐々木忠次郎ら近代を代表する昆虫学者のそれと比ぶべくもない。むしろ、高千穂の日本の昆虫学界への大きな貢献は、明治三三（一九〇〇）年英彦山に設立した私立の高千穂昆虫学実験所や、昭和一一（一九三六）年に多くの標本とともに九州帝国大学に寄贈された附属彦山生物学研究所を創設したことなど、ハード面の提供にある。総合的に見て昆虫学発展に寄与した高千穂の業績はすこぶる高く、逝去の前年（一九四九年）に昆虫学会名誉会員に推されたのは明明白白と言わねばならぬ。現在、九州大学は日本の昆虫分類学を牽引する一方の旗頭であるが、その源流の一つは高千穂の博物学精神にあると言っても過言ではあるまい。

本書『近代華族動物学者列伝』で取り上げた九名のうち、高千穂が最も立派な人物だったか……はともかくとして、帝国議会で示した見識の高さはピカイチである。後世の人間が議会での発言記録を読むかぎりでは、彼の発言の卓抜さは貴族院議員の職に長くあった田中芳男をはるかに凌ぐ。筆者は高千穂の生涯

を徹底的に追跡した「博物学者高千穂宣麿先生小傳」、そしてその要約版とも呼ぶべき「昆蟲男爵高千穂宣麿の生涯」をすでに発表済みである。本章はこの二編の拙文に準拠しながら、高千穂宣麿の爽快な生き様を描いてみたいと思う。

●1——経歴（一）：明治一六年、英彦山神社宮司となるまで

高千穂宣麿には『鶯嶺仙話』という自伝がある。もっとも、自伝といっても、高千穂宣麿の口述回想談を九大昆虫学教室初代教授の江崎悌三がまとめたものである。つまり、本の表紙には〝高千穂宣麿〟との著者名が記されているが、実質的編著者は江崎である。そして、『鶯嶺仙話』の記述には、高千穂の単なる記憶違いと思しき間違いもあれば、作為的な誤魔化しも含まれる。はたして江崎が、高千穂の事実隠蔽に気付いていたかどうかは定かでない。

筆者が『鶯嶺仙話』の少なからぬ間違いや事実隠しを暴けたのは、英彦山神宮が所蔵する『社務日誌』のおかげである。リアルタイムで書かれた神社日誌は、高千穂の動向をこと細やかに記した一次史料だ。以降、『鶯嶺仙話』と『社務日誌』の両者を見比べながら、まずは明治一六（一八八三）年までの高千穂の生涯を振り返る。

高千穂宣麿は元治元（一八六四）年一二月一五日、幕末の動乱さなかの京都に、尊攘派公家の徳大寺実則の次男として生まれた。徳大寺家は五摂家に次ぐ清華家の名門で、後に侯爵を授爵する。明治三（一八七〇）年、高千穂は父とともに東京へ移住した。上京後、明治五（一八七二）年から二年間、訓蒙学舎で主にドイツ語を学んだ。訓蒙学舎の閉校のち、明治七（一八七四）年に芳野金陵の漢学塾に移籍する。そして、明治一〇（一八七七）年に華族子弟の教育を目的とした学習院に入学した。

学習院入学二年後の明治一二（一八七九）年には学習院を退校し、翌一三年に学農社に移った。さらに

明治一四（一八八一）年、高千穂宣麿は学農社から共立学校（現在の開成学園）に転学し、博物学で身を建てんと大学予備門入学を目指していたが、彼の人生に大きな転機が訪れた。明治一六（一八八三）年、九州福岡の英彦山座主の高千穂家の養子となり、英彦山神社の宮司に就任することが決まったのである。なお、宣麿の妻は四辻家（のち室町家）の令嬢なので、彼はいわゆる婿養子ではない。養子縁組成立までの顛末を記した佐藤乾八「明治一六年高千穂家養子御縁組ニ付上京日記」は、当時の華族家の養子縁組の舞台裏を記した貴重史料である（拙文「博物学者高千穂宣麿先生小傳」）。本章では、五摂家の一つ鷹司家の斡旋があって宣麿の高千穂家入りが決定した、とだけ申し上げておく。

帝国大学に入学し、本格的に動物学を学ぶことを目論んでいた宣麿とすれば、福岡の高千穂家への養子入りは迷惑以外の何物でもなかっただろう。かといって、当時の旧公家の家に生まれた次男坊が、父の裁定に逆らえるはずもない。仮に養家の高千穂家が裕福な華族だったら、宣麿にとってまだ救いがあった。しかし、養子入りして間もなく、財政が窮迫している高千穂家が、名ばかりの華族であることを思い知らされることとなる。宣麿が高千穂家に養子に入ったときにあった部屋の置物や調度品が、不思議なことに一週間でなくなったのである。ようするに、高千穂家は養子を迎えるにあたり、体裁を整えるために当日だけ借り物で当座を繕っていたのだ。当時の高千穂家の家計の実態を示すエピソードである。

明治一六（一八八三）年六月一二日、宣麿は正式に高千穂家を継ぎ、同月二八日には早くも宮司となった。翌一七年七月、華族令制定に伴う公侯伯子男の五爵制度によって、男爵の爵位を授けられた。大学で博物学を学ぶという夢は、宮司となったことで頓挫したが、彼の博物学に対する情熱は終生揺らぐことはなかった。自然豊かな英彦山の地で動物採集に明け暮れることとなる。

●2——経歴（二）：東京遊学を志す

高千穂に豊前英彦山の自然への強い愛着があったことは厳然たる事実だが、中央志向も持ち合わせていたことは自伝『鶯嶺仙話』から明らかである。両者は両立しうるもので、決して矛盾しない。田舎は虫捕りにはきわめて好都合だが、中央から離れている弊害もまたとてつもなく大きい。インターネットがない時代ではなおさらのことだ。動物学の最新の知見水準から離されたくないとの彼の思いは、地方在住の虫屋の筆者には痛いほどよくわかる。

明治一九（一八八六）年頃、叔父の西園寺公望や、公家出身で当時福岡県大書記官だった広橋賢光伯爵に、自らの東京遊学実現の斡旋を依頼していた。とどのつまり、彼らに実父の徳大寺実則の説得を期待していたのだが、その旨諦めるように、との西園寺からの最後通告の書簡が『鶯嶺仙話』に掲載されている。父実則が、息子の上京に首を縦に振らなかった理由は、当時の井上馨外務大臣の鹿鳴館外交の享楽的雰囲気に宣麿が侵されるのを恐れたとのことだが、それだけではあるまい。明治一九年といえば、宣麿が高千穂家に養子に入って、わずか三年。また、養母の高千穂栄子もこの頃は健在である。実則による実の息子の帰京拒否は「馬鹿なことを考えないで、宮司としての務めをしっかりと果たせ」との叱咤激励も込みといったところであろうか。

高千穂は当分英彦山に籠るしかなくなった。ならばと、動物採集に大いに励んだが、明治二一（一八八八）年に、「うっかり」ではすまないことをやらかした。銃猟免許を取得したのは明治二二（一八八九）年だが、その前年の同二一年四月にも銃で猟を楽しんだ。無免許狩猟である。さらに免許取得後に禁猟区や人家付近で銃をぶっ放したことも摘発されてしまったのである（国立公文書館所蔵「男爵高千穂宣麿犯罪処分ノ件」）。このときの明治天皇の侍従長は高千穂の実父の徳大寺実則。徳大寺は息子の不祥事に頭を抱えたはずである。なお、高千穂は己の不法狩猟のことは自伝『鶯嶺仙話』でまったく言及していない。この不始末は筆者が国立公文書館所蔵の史料を閲覧して気付いたのである。

さて、前述のごとく、長期東京遊学の夢は実父によって阻止されてしまったが、短期の東京滞在まで禁止されたわけではない。狩猟にまつわる悪事がばれる数か月前の明治二二年三月一日、四〇日の休暇をとって上京した。田舎暮らしの高千穂にとって東京滞在は魅力的だったからだろうが、英彦山への帰還をズルズルと延期していることが『社務日誌』からわかる。四月五日には東京を発つ予定だったが、その後も東京に居続けたばかりか、神社と妻芳子両方に宛てて送金の催促をしていた。何に切羽詰っていたのかは不明だが、同月一九日英彦山神社は「キンシジユエンタイシキウニヲクレ」（＝金四〇円大至急に送れ）との高千穂の悲鳴にも似た電信を受け取っている。高価な専門書や実験器具でも衝動買いしてしまったのであろうか。結局、英彦山に帰着したのは、同月二八日である。

『社務日誌』をめくると、高千穂は旅先から「送金しろ」との電報をしょっちゅう神社に送っていることがわかる。現在の英彦山神宮の高千穂家の方々は「宣麿さんは英彦山神社を自分の趣味のスポンサーと思っていたのではないか……」と、筆者にボソッとこぼされたことがある。当たらずとも遠からずといったところだろう。

●3――経歴（三）：英彦山脱出計画

高千穂は一か月程度の滞京では満足できなかった。何が何でも東京に行きたい。そう考えた高千穂は次の英彦山脱出作戦を思いつく。明治二三（一八九〇）年に第一回帝国議会が開会した。ならば、自分は男爵なのだから、貴族院の男爵議員選挙で当選すれば、めでたく東京に出られるではないか、と気付いたのである。貴族院令（明治二二年二月一一日勅令第一一号）第四条により、満二五歳以上の伯子男爵者は議員になれる資格を有していた。被選挙権ぎりぎりの年齢に達したばかりで、議員ポスト獲得を狙って動き出す。

明治二三（一八九〇）年六月一五日、物部神社神職の金子有卿男爵から「男爵会議員選挙ノ儀ニ付親展書到来」と貴族院議員選挙に関する書状を受け取った（『社務日誌』）。残根ながらその内容は不明。翌日一六日には宮司職の辞表を書き上げ、一七日、英彦山神社主典の入江良造と会談した。そして「この度の貴族院議員選挙に打って出るため、近々上京する予定である。宮司を辞職する」と告げた。

入江は「御栄誉ノ事」「止ム事ヲ得ス」と了承、高千穂の辞表は添書とともに福岡県庁経由で内務省に進達されている。同月二四日、高千穂は英彦山を発ち、福岡県知事と会った後に上京した。残念ながら、『社務日誌』上には提出した高千穂の辞表が最終的にどう扱われたかの記述がなく、そのまま選挙日の七月一〇日を過ぎてしまう。同月一三日付『社務日誌』には「高千穂殿一身上ノ事」について神社側と福岡県側の協議がなされた旨が記されているが、提出した宮司の辞表が結局どうなったかよくわからない。結果からいえば、高千穂は貴族院議員に当選せず、宮司を辞めていないのだから、辞表はどこかで却下ないしは差し戻されたはずである。

4――経歴（四）：仮病でサボって虫捕りをした最初の日本人？

タカチホヘビの名は高千穂宣麿が日本人として初めてそのヘビを捕ったことに由来する、と最初に述べた。また、珍鳥ヤイロチョウを撃つことに成功した最初の日本人も高千穂であるらしい。それだけではない。三個目の日本人第一号の勲章も得ることができるようだ。「記録で確認できる、仮病を使って仕事をサボって虫捕りに行った最初の日本人」、だ。

明治二七（一八九四）年六月一九日、高千穂は「宿病有之転地療養ノ為メ来ル七月一〇日ヨリ往復ヲ除キ五〇日間東京地方江旅行」（『社務日誌』）の申請書を福岡県庁経由で内務大臣宛に送った。病気による五〇日間の欠勤届を提出したのだ。英彦山神社のような官幣社の神官はいわば国家公務員なので、勝手に長

期休暇を取るわけにはいかない。

しかし、これはまったくの仮病である。なぜなら高千穂は上京後に浅間山へ登り、同山中で数日を過ごすという過酷な昆虫採集をしている。高千穂は『鶯嶺仙話』のなかで「（浅間山で）ミヤマオツネンテフをたくさん採集することが出来た」などと無邪気な感想を述べているが、伝記編集のために回想を口述筆記していた江崎悌三九州帝国大学教授も、まさか目の前にいる高千穂が仮病を使って虫捕りしていたとは夢にも思わなかっただろう（注②）。

幸か不幸か高千穂が英彦山を留守にしている明治二七（一八九四）年七月、日清戦争が勃発した。官幣小社の英彦山神社は現代風に言えば国家機関なので、戦争協力はいわば業務の一環である。八月七日、英彦山神社はただちに戦勝祈願の臨時祭典の執行を決定するが、高千穂宮司様は〝虫捕り〟で不在なので、やむなく宮司代理が役目を務めた。

虫捕りで留守にしているだけならまだ救われる。その頃、国家の一大事に我らが高千穂は何をしていたかと言えば、東京でカネを使いすぎたらしく、「帰りの旅費が足りないから二〇円送って」と神社側に要求して来る始末。結局、英彦山に戻った八月一八日には日清戦争の初戦の山場は終わっていた。高千穂宮司は何の役にも立たなかったのである。英彦山神社の人々の「何でこんな人を養子にしたんだろ」との嘆息が聞こえてくるようではないか。帝国の命運がかかった開戦時、宮司様は仮病を使って虫捕りで不在にしていました、などとばれなかったからよかったものの、明るみに出ていればどうなっていたであろうか。

●5――経歴（五）：二回目の英彦山脱出計画

本書序章で述べたように、貴族院は解散がなく、伯子男爵議員の任期は七年である。となると、帝国議会開設の七年後の明治三〇（一八九七）年に、第二回目の伯子男爵議員選挙が行われることはわかりきっ

ていた。高千穂は再び議員選挙に向けた活動を開始する。
『社務日誌』によると、明治三〇（一八九七）年五月初旬、東京に宮司辞任の意思を伝えている。辞表には病気であるがゆえの辞任、と書いたらしいが、本当の理由はいうまでもなく貴族院議員選挙に打って出るためであり、当然のことながら神社側も承知のうえである。明治二三（一八九〇）年の辞職未遂の時と同様、神社側は「選挙のための宮司辞職はやむを得ず」との認識を持っていた。このとき宣麿の長子・俊麿は明治二〇（一八八七）年生まれなので跡を継がせるわけにはいかない。神社関係者はただちに後任宮司の人選に取りかかっている。

筆者が着目したのは、明治三〇（一八九七）年五月一六日付『社務日誌』の「本年貴族院議員改選ニ付其候補者ニ相成」なる記述である。詳細不明だが「候補者ニ相成」との文言からして高千穂は後先顧みず宮司を辞めたのではなく、どうやら議員選挙に対し、彼なりの成算があったものと考えられる。

結果だけいえば落選した。彼の宮司辞職は勇み足となったのだ。落選二か月後の明治三〇（一八九七）年九月、神社側は「前宮司の病気は全快しました」と、高千穂が宮司に復職する意思を福岡県庁に白々しく申し出た。もっとも、福岡県庁としてもおおよその真相は把握していたはずである。こういう場合、お役所としては騙されたふりをしてやるのが作法なのだ。実際に高千穂が宮司に復職したのは、翌三一年一〇月一九日である。

自伝『鶯嶺仙話』には、「自分は神職として不適当であり不満もあったから明治三〇年から一年余り宮司を辞めていた」との箇所がある。たしかに率直な思いの吐露であり、嘘八百ではないだろう。しかし、辞職理由は前述のとおりで、事実の大半を意図的に書いていないのは明白だ。となると、『鶯嶺仙話』編集のため当時の回顧談を語っていた高千穂が真相を隠したか、彼の口述を筆記していた江崎悌三が配慮して事実をぼかして文章にしたか、真実はどちらかである。いずれにせよ、結果として『鶯嶺仙話』が真相

を語っていない点は、高千穂にとっても江崎にとっても名誉な話ではない。

●6——経歴（六）：私立昆虫学研究所の設立

明治三〇（一八九七）年に宮司職を離任したものの、貴族院議員選挙に落選した高千穂には暇ができた。そこで、彼は英彦山に昆虫学実験所を設立する計画を立て、明治三一（一八九八）年四月には昆虫学実験所敷地の工事を開始した。同年一〇月には宮司に復職したが、昆虫学への情熱は収まることはなかった。明治三三（一九〇〇）年建物の一部が落成したことを契機として、高千穂昆虫学実験所を発足させたのである。

明治三五（一九〇二）年六月、米国留学帰りの桑名伊之吉を英彦山に迎えた。高千穂昆虫学実験所は九州昆虫学研究所と名を変え、新たなスタートを切ることとなる。しかし、わずか一年後の明治三六年春には、桑名が農商務省農事試験場に引き抜かれてしまい、九州昆虫学研究所は講習会などの事業を中断せざるをえなくなった。高千穂は落胆したが、めげることなく昆虫の飼育や採集を続け、研究所を一人で支えた。

明治三六（一九〇三）年三月一日、大阪で第五回内国勧業博覧会が開催され、四月下旬に高千穂は英彦山を発ち、大阪に視察に出かけた。この博覧会中は、実家である徳大寺家の親族が大阪に集まっており、家族と再会することも上阪目的の一つだったと思われる。

第五回内国勧業博覧会はそれまでの四回とは異なり娯楽化・余興化が進んだ回だ。会場外で各種実行された余興のうち、とくに人気を博したのが動物園で、当時は見ることが困難だったライオンやバクも展示された（國「第五回内国勧業博覧会と大阪」）。動物好きの高千穂ゆえ、当時評判を呼んだライオンを見物しに行ったのではないか。

英彦山に戻ったのは同年五月一二日である。翌一三日、留守番をしていた神社側から不在中の業務報告を受けるとともに、自らもまた京阪地方で見聞きしてきたことを語った。「大阪の博覧会は大盛況でね。猛獣ライオンもいたんだ。凄かったよ！」などと、筆者は得意気に語る高千穂の姿を勝手に想像してしまうが、留守番役がどういう思いで彼の土産話を聞いていたかは不明である。

大阪で大いに刺激を受けてきたせいか、高千穂は帰還後すぐに山へ採集に出かけ、同年五月二一日、彦山村字長谷でミカドアゲハの雄を一頭捕った。よほど嬉しかったらしく捕獲後早くも一時間後には、同種の採集記録の短報を雑誌『昆蟲世界』編集部に郵送している（『昆蟲世界』七巻六号）。この日、採集に出かけていたことは同日付『社務日誌』の「高千穂殿ハ昆虫採集」との文言からも確認できた。

ちなみに、九州大学昆虫学教室第二代教授の安松京三は「高千穂男爵はすぐに新種だ、新記録だと騒ぐけど、そんなものは論文にして初めていえることだ。あれはバカ殿だよ」と酷評していた（拙文「追悼黒子浩先生」）。高千穂の生涯の言動を眺めると、良くいえば無邪気、悪くいえば幼稚な〝とっつぁん坊や〟だったことがわかる。明治三六（一九〇三）年のミカドアゲハの記録のように、ちょっと面白い虫を捕れば「大発見だ！」とはしゃいでしまう性質があった。安松の高千穂評は当たらずとも遠からずといったところか。

明治三七（一九〇四）年二月、日露開戦。戦争により昆虫学研究所への行政の補助が減り、明治三七年から翌三八年は自ら設立した九州昆虫学研究所の活動も停滞しがちになった時期であった。夏に勃発した日清戦争とは異なり、日露戦争は幸いにも（?）二月に始まったので、今回は〝開戦時宮司は虫捕りで不在〟とのあるまじき事態は発生しなかった。英彦山神社宮司として、開戦直後の明治三七年二月二七日より三日間の「皇威宣揚敵国降伏ノ祈願祭」を執行する。その後も戦争中は黙々と戦争関連の神社業務の務めを果たした。

同年七月、第三回伯子男爵議員選挙が実施されたが、『社務日誌』上からは高千穂が選挙に向けて準備していた形跡は見当たらない。明治三七年は何といっても日露開戦の年であり、英彦山神社は戦勝祈願などの祭典等で戦争に深く関わっていた。仮病を使って神社の仕事をサボって、虫捕りに行くほど心臓に毛が生えた高千穂といえど（本章4節参照）、さすがに大国ロシアとの決戦中に「議員になりたいから宮司を辞めます」とは申し出られなかったのか。または、とくに理由はないものの議員ポスト獲得へ向けた活動を何となくしなかったのか。ともかく結果的に第三回有爵位者議員選挙を見送った。

●7――経歴（七）：ついに念願の貴族院議員へ

貴族院第四回選挙は明治四四（一九一一）年七月実施であるが、高千穂はそれよりも前に訪れたチャンスを摑む。明治四〇（一九〇七）年八月三日午前、欠員補充のための貴族院男爵議員の補欠選挙が実施され、一六九票を獲得して当選者となったのだ（同年八月四日付都新聞）。

『社務日誌』は、当選前後の裏事情の赤裸々に物語る。明治四〇（一九〇七）年四月一二日、高千穂は同月一七日から二〇日間の上京願を申請し、東京へ向かった。日誌には「診断書ヲ添へ」とあるから、病気療養を理由として申請書類を作成したはずだが、もちろんその理由が胡散臭いことはいうまでもない。なぜなら高千穂には仮病を使って上京した前科がある。さらに滞京中に六日間の延長願も出し、英彦山帰着予定は同年五月一六日となっていた。

しかし、ここで異変が生じる。帰着予定の一六日、英彦山神社は宮司出迎えのために添田駅に人を遣ったが、高千穂が帰って来ないのである。迎えを派遣した以上、本人から神社側へ帰山が遅れるとの連絡はなかったはずだ。宮司が予定日に帰山しなかったことに対し、神社側は焦ったのか、もしくは「またいつもの宮司殿の〝東京にもっといたい病〟だろ」とタカをくくっていたのかは不明だが、六月六日神社は東

京から連絡を受け取った。同日付『社務日誌』に「東京急電ニ接シ宮司辞任之事ニ決シ辞表提出ニ相成」とある連絡だ。電報の差出人は明記されていないが、高千穂本人であろうと思われる。この「東京急電」の現物は残っていないだろうが、その中身については以下の推測をすることができる。それは「再来月の八月の男爵議員補選で私は有力候補者となっている。よって急遽宮司を辞任する」との文意だったに違いない。単に宮司を辞めます、だけでは神社側は了承できるはずもないからだ。

六月七日、神社側は宮司辞任を決定事項として種々の手続きを開始する。まず東京の高千穂宛に注意状を発した（内容不明）。すると西五辻殿（おそらく貴族院議員の西五辻文仲男爵）からの急用状が神社に届いた。その中身は高千穂が議員候補になっていること、およびその関連事項だったかと思われる。

六月八日、今度は東京にいる高千穂からの書状が神社に届いた。それを受け神社側は「辞表文ヲ家事ノ都合ニ依リト認メ直シ同添書ヲ付シ郵発ス」との対応をした。どうやら辞職理由を何か別のものから家事都合へ書き直したらしい。また、同日東京の高千穂宛てに四〇枚の名刺を送付した。高千穂の書状に「挨拶用の名刺を至急送ってくれ」との指示があったのであろうか。それとも神社側が気を利かしたのであろうか。

同じ六月八日、東京では男爵議員候補者予選会が開かれ、高千穂が本選挙の候補者として推挙されることが正式に決まっていた（六月一〇日付読売新聞）。〝予選会〟とは貴族院の議員推薦母体が、候補者を選定する予備選挙のことである。高千穂からみれば、予備選挙で勝ったことにより、貴族院議員への道が大きく広がったことになる。

一方の神社側。六月一二日再び高千穂から書状が届いた。そこには自分が議員候補者となったこと、また金額未記入ながら運動費を支出したことが書かれていた。『社務日誌』の「議員ノ候補者ニ相立」との文言から八日実施の候補者予選会の結果が、神社側に報告されたものと考えられる。

その後の動向をまとめると、まず六月一四日正式に英彦山神社宮司を辞職。同月一五日、在京していた高千穂は英彦山への帰途についた。七月二三日、英彦山を発ち再び上京。八月三日実施の補選に備えるためである。選挙結果は前述のとおりで、無事当選した。英彦山神社は八月四日受領の電報で高千穂の当選を知る。補選を終え、八月一二日、英彦山に帰った。このときは議員当選の名誉を担っての帰山だったので歓迎者は多かったと『社務日誌』は記す。彼にとって明治四〇年の夏は、東京と英彦山を目まぐるしく往復した年となった。

長子の俊麿は父宣麿の跡を継ぐに十分な年齢に達していた。これより宣麿は前宮司にすぎず、明治四〇年秋以降の『社務日誌』からは、宣麿の動向に関する記述は一気に減る。

六月の宮司辞職と翌々月実施予定の貴族院議員補欠選挙との間の関連は、地元福岡でもうすうす感づかれていたようだ。たとえば、宮司辞任から一週間もたっていない明治四〇（一九〇七）年六月一九日付九州日報は「去る一四日附を以て英彦山神社宮司を免ぜられたる高千穂男は貴族院議員に勅選さるゝことに内定し居れりと云ふ」との見解を載せている。宮司辞職の真相は早くも露呈していたのである。

ここで疑問を持つ方もおられよう。貴族院議員選挙に当選してから、宮司を辞職すればよいではないか。そうでないと明治三〇年のように落選してしまったら、身の置き所がなくなるではないか、と。しかし、そうはできない法律上の理由がある。それは貴族院議員の被選挙資格の規定だ。貴族院伯子男爵議員選挙規則（明治二二年六月五日勅令第七八号公布）第二条で「神官及諸宗ノ僧侶又ハ教師ハ被選人タルコトヲ得ス」、つまり神官は被選挙権を持たないと定められている。よって、議員になりたい宮司は、選挙の前に宮司職をあらかじめ辞任しておく必要があるのだ。

よって、自伝『鷲嶺仙話』にある「余はそれまで英彦山神社宮司の職にあつたが、（貴族院議員になった）この機会に之も嗣子俊麿に譲り辞任した」との当選前後の経緯は、まったくの嘘である。正しくは、

「余は貴族院議員に当選する為に金銭を使い、予め宮司を辞めておいたのだ」と書かなければならない箇所なのだ。

『鷲嶺仙話』の貴族院議員当選経緯の嘘は、このほかにも手が込んでいる。たとえば、『鷲嶺仙話』には「明治四〇年になつて一つの転機が訪れた。その前年一月七日に叔父の西園寺公望侯が内閣総理大臣となり、その機会に余も貴族院の男爵議員に選ばれた」とある。神道関連の人名辞典類でも「（明治）四〇年叔父の西園寺公望が首相となるに及んで貴族院議員に当選」と『鷲嶺仙話』の記述がほぼ無批判で踏襲されることがある（『神道人名辞典』）。しかし、これは明らかにおかしい。というのも、伯爵・子爵・男爵議員はそれぞれの爵位保持者による互選で選ばれるからだ（序章参照）。したがって、首相といえど当時侯爵だった西園寺が（のち公爵）男爵議員選挙に直接関与できるものではない。高千穂は自ら選挙活動をすることで、議員ポストをもぎ取ったのである。

総合すると、『鷲嶺仙話』は、高千穂の宮司辞職に対して「議員になったからやむなく宮司職を退いたのだ」と、取り繕った形の記述となっている。伝記にはありがちな体裁だ。『鷲嶺仙話』編集の際、高千穂は口述筆記している江崎悌三に対し、宮司職辞任と議員当選の関連については曖昧に説明したのではあるまいか。もしくは江崎が高千穂の立場に配慮した著述にしたのか。戦前に教育を受け当代随一の知識人だった江崎は、貴族院議員選挙の仕組みのおおよそは承知していたはずだが、「神官及諸宗ノ僧侶又ハ教師ハ被選人タルコトヲ得ス」との規定にまではさすがに思いが及ばず、疑問を抱かなかったのかもしれない。

●8――経歴（八）：貴族院議員選挙の落選と再当選

長年の夢が叶い、明治四〇（一九〇七）年八月、貴族院議員に当選した高千穂宣麿は、同年末に上京し

た。そして、東京では本職である議員活動に加え、明治四一（一九〇八）年三月に西ヶ原の農商務省農事試験場嘱託となり、害虫研究をも行うこととなった。議会では、高千穂は出雲大社の神官出身である千家尊福男爵が主導する木曜会に入会した。順風満帆に見えた高千穂の東京生活だが、やがて政争の渦に巻き込まれることになる。第二六回帝国議会閉会の約一か月前の明治四三（一九一〇）年二月一三日、高千穂が所属する木曜会に激震が走った。一一名の所属議員と六名の院外者（非議員男爵）が脱会するという木曜会の分裂である。会派分裂の契機の一つは、木曜会の指導的立場にあった千家尊福が政治活動で多額の借財を背負ったことにあった（小口「千家尊福と国家神道問題」）。

木曜会分裂に際して、高千穂は千家と行動をともにすることを選んだが、結果的にはそれが仇となった。明治四四（一九一一）年七月、任期満了に伴う伯子男爵議員選挙で、木曜会は大敗となった。千家尊福を除く高千穂宣麿、紀俊秀、金子有卿、小野尊光ら同会所属の神職出身男爵は軒並み落選した。高千穂は苦心惨憺、ようやく摑み取った議席をわずか四年で失ってしまったのである。

自伝『鶯嶺仙話』には東京在住時の回想として「一期の閑職の頃は田端に籠って昆虫の研究に没頭した」とある。深く考えなければ「高千穂には暇な時期があったのか」と軽く読んでしまうが、閑職とは議員落選後の浪人生活を指す。『鶯嶺仙話』は議員ポストを失った、などと一言も書いておらず、落選した事実を意図的にぼかしている。

落選して四か月後の明治四四（一九一一）年一一月、高千穂は東京帝室博物館天産部昆虫類取調事務嘱託となった。博物館の月給は二〇円だったという（『華族履歴』）。高千穂は議員復帰を望んでいたので、落選した時点で、さっさと英彦山に引き上げるとの選択肢はなかった。となると、帝室博物館嘱託への就職は日銭を稼ぐ必要に加え、できれば昆虫の研究も続けたいとの彼の要望にも合っている。

大正六（一九一七）年、高千穂は東京昆虫学会の例会に出席し、在野の昆虫学者の仁禮景雄と同席した

（第八章参照）。この頃、仁禮は『動物學雑誌』にて日本産蝶類目録の連載を開始しているので、蝶類を積極的に集めていた高千穂としても、仁禮の論文には関心を持っていただろう。ただ、高千穂の自伝『鶯嶺仙話』には、仁禮の名前は出てこず、二人の仲が親密であったか否かは明らかでない。

明治四四（一九一一）年七月の落選以降、高千穂がいつから議員復帰に向けて動き出したかは不明だが、管見のかぎりでは大正六（一九一七）年に最初の行動が見られる。『田健治郎日記』によれば、大正六年二月一九日、寺内正毅内閣の逓信大臣の田健治郎男爵を訪問し、男爵議員への推挙を依頼した。田健治郎は男爵華族団体の協同会の主導的立場にあった有力貴族院議員である。田の支持のもと協同会の推薦を勝ち取って、議席を回復しようとしたのだ。

二月の田宅訪問から翌々月の四月二〇日に衆議院総選挙が施行された。総選挙直後の『田健治郎日記』には、閣僚である田の支援に対する当選者の来謝や選挙無事終了を祝する政府関係者の来訪の記事が多く掲載されているが、そこにも高千穂宣麿の名を見出せる。四月二五日、田健治郎を再び訪ね、総選挙終了を労った。

正直なところ、高千穂は大正六年の衆議院選挙とは何の関係もない。よって、四月二五日の田健治郎との対談の際、衆議院選挙云々は会う口実にすぎず、真の目的は「先々月お願いした男爵選挙の件はどうなりましたかね」と田の返答を催促することにあった、と意地悪く勘繰れるところではある。

田健治郎は選挙活動に来た高千穂を突き放さなかった。翌大正七（一九一八）年七月の貴族院議員選挙の直前の六月一〇日付日記に、田健治郎は男爵議員当選予定者の名を記した。その新任予定議員一九人のなかに高千穂宣麿の名前がある。日時不明だが、いずれかの段階で高千穂は協同会に入会し、同会から議員候補として推挙されたようだ。そして、七月一〇日の選挙で予定通り議員復帰を果たした。同月一五日、田健治郎を訪問し議員当選につき謝意を述べている。高千穂の田への懸命の働きかけは、最終的に実を結

んだ。

●9――経歴（九）：貴族院議員選挙の再度の落選と英彦山への帰還

現在の九州大学農学部附属彦山生物学実験施設には「Somei, Tokyo 28. IX. 23」との採集ラベルを持つエビガラスズメ（蛾）の標本が残されている。採集者は書かれていないが、大正一二（一九二三）年に、高千穂が東京で捕ったものと推定される。「Somei（染井）」とは現在の駒込や巣鴨あたりの地名だ。この頃、高千穂は駒込に住んでいた。自宅近所の散歩がてら網を振るったのであろうか。

貴族院議員に復帰した高千穂宣麿の再デビュー議会は、大正七（一九一八）年一二月二七日開会の第四一回帝国議会である。しかし、その後、相も変わらない政治会派の離合集散に、高千穂も否応なく関与せざるをえなくなる。大正八（一九一九）年六月五日、新田忠純、楠本正敏らや無所属派の中川興長、阪谷芳郎、名和長憲ら男爵議員計五三名による公正会が発足した。議員復帰後、茶話会に属していた高千穂宣麿も、新会派の公正会に加わった。高千穂が公正会設立にどの程度関わったのかは不明だが、以後、彼は公正会所属の議員として帝国議会に臨むこととなる。自伝『鶯嶺仙話』によれば、大正八年一一月に農商務省農事試験場の嘱託を辞めている。貴族院に復帰した以上、議会の外でもさまざまな公務が割り当てられるようになり、多忙になったのかもしれない。

設立数年たらずで、その公正会に内紛が起きた。大正一一（一九二二）年四月五日、公正会の中川良長男爵は二四名の男爵議員同志とともに新しい会派の親和会を結成した（尚友倶楽部編『大正後半期の貴族院』）。高千穂もまた、このとき公正会から親和会に移った。高千穂自身も公正会に飽き足らない感情を抱いていたのか。あるいは親和会への移籍組には、かつての木曜会のメンバーだった平野長祥や名和長憲、徳川厚らが名を連ねているので、単に旧同志達と行動をともにしただけなのか。その点は不明といわざる

をえない。

大正一二（一九二三）年五月一八日、親和会設立の中心人物だったにもかかわらず、中川良長男爵は同会を脱会した。主宰的立場の幹部を失った親和会は自然に解散することとなり、同年七月三〇日、中川を除く親和会男爵議員は子爵議員中心の研究会に合流した。すでに伯爵議員会派の甲寅倶楽部を吸収していた研究会は、今回新たに多くの男爵議員をも加えた。その結果、研究会は同年一二月二七日開会の第四八回帝国議会では所属議員一六八名を擁する大会派に成長した。

大正一三（一九二四）年三月、高千穂は東京帝室博物館天産部列品整理掛の整理顧問となった。この男爵様はやはり動物標本と接するのが好きなのである。

大正一四（一九二五）年四月二九日、高千穂ら研究会所属旧親和会系男爵議員十五名は研究会を脱会した（四月三〇日付東京朝日新聞）。なぜ研究会を脱会したのだろう。旧親和会系男爵議員らのこの研究会脱会騒動は、数か月後に迫った同年七月の任期満了に伴う伯子男爵議員選挙を見据えた政治行動であることは確実だ。一説によると、男爵議員の選挙母体で、高千穂らにとっては大正七年選挙時の古巣である協同会の同情を引くための研究会脱会であったという（四月三〇日付東京朝日新聞）。これが事実とすれば、旧親和会系男爵議員は、研究会の選挙母体である尚友会から推挙の確約を得られなかったがために脱会したとなるのであろうか。何はともあれ、大正一四年四月末に政治行動を起こしたことから、高千穂は来たる七月の貴族院議員選挙で再選し、引き続き議員在職を望んでいたといってよい。

しかし、形勢高千穂に利非ず。高千穂らが頼ろうとした協同会は旧親和会系議員の排斥に動いた形跡がある（五月一日付都新聞）。地元福岡の九州日報は、同年七月一〇日選挙当日付紙面に東京からの情報として、伯子男爵議員当選予定者名を掲載した。そのなかに高千穂宣麿の名前はない。苦戦は必至の状況であり、世間の大方の予想どおり高千穂は落選した。

さすがに、高千穂に貴族院への再復帰を目指す気力は失せていたのか、合計一一年に及んだ議員生活に終止符を打つことを決めた。また、整理顧問を務めていた東京帝室博物館天産部列品整理掛であるが、天産課自体が大正一四（一九二五）年八月一五日をもって正式に廃止されていた（東京国立博物館編『東京国立博物館百年史』）。

ここに至って、高千穂には東京に留まらなければならない理由はなくなった。このとき高千穂はすでに六〇歳。彼には英彦山神社から仕送りを受けて東京で暮らすか、英彦山に引き上げるかの二つの選択肢があった。高千穂はこの後も四半世紀生きるのだが、それはあくまで結果論である。当時の平均寿命からしていつ死んでもおかしくない。また、高千穂本人が神社からの少額の仕送りで慎ましく暮らすと言っても、男爵である以上、あまりにみすぼらしい生活は世間が許してくれないのである。華族との身分は特権階級ではあるが、それはそれで厄介なところもある。結局、高千穂は自然豊かな英彦山で余生を送ることを選んだ。

英彦山に引き揚げたのち、同地で再び採集三昧の生活をおくることになる。昭和四（一九二九）年、英彦山に初めて電燈が点灯した。高千穂は自分の邸宅内にも電燈を設置し、夜間灯火に集まる蛾類の採集に熱中した。昭和一〇（一九三五）年、私有地一万坪と自らが収集した標本を九州帝国大学に寄贈、翌一一年には福岡県出身の実業家の中山悦治によって同地に造られた建物が九大に寄付された。これが九州帝国大学附属彦山生物学研究所で、同年一〇月二〇日秋晴れの日に開所式が挙行された。

戦後、高千穂は昭和二四（一九四九）年に昆虫学会への貢献が大であるとして日本昆虫学会の名誉会員に推戴されたが、翌二五年一二月二三日、八六歳で逝去した。なお、昭和四六（一九七一）年に彦山生物学研究所は九州大学農学部附属彦山生物学実験所と改称されたが、残念ながら平成一〇（一九九八）年に実験所は廃止された。実験所の建物は彦山生物学実験施設と名称変更され、いまや専任教員を持たず、学

生実習等のための大学施設として維持管理されるにすぎなくなったが、いまなお高千穂が愛した英彦山の地に建っている（図6-3）。筆者自身、大学院生時代にこの実験所に宿泊し、英彦山で昆虫採集をした経験がある。

図6-3　現在の九州大学農学部附属彦山生物学実験施設

●10——帝国議会での姿勢：国立公園利権への警戒

時を高千穂宣麿の貴族院議員時代に戻し、本書の主目的である彼の議会内での発言を見ていこう。「高千穂宣麿は国立公園区域編入運動をなした」と英彦山の国立公園化に尽力したと評価される場合がある（『神道人名辞典』）。しかし、自伝『鳶嶺仙話』には、「国立公園の区域設定のため田村剛林学博士を英彦山に連れて来て、この地を阿蘇国立公園に編入すべきとの運動を彦山振興会が始めた。こういう計画は結構な事であるとは思うが、誰もかれも目先の儲けることしか考えていない」との苦言が記されている。国立公園設置の趣旨そのものには賛同するが、高千穂自身は郷土英彦山の国立公園化に対して、必ずしも積極的でなかったとうかがえよう。彼のこのような姿勢は帝国議会における発言からも推し量ることができる。

第五〇回帝国議会会期中の大正一四（一九二五）年二月二四日、第四回請願委員会にて。この日「明治紀念日本大公園設置の請願」が審議された。請願書の摘要は、明治天皇と昭憲皇太后の御遺徳を表彰するため富士山を中心とした明治紀念日本大公園を設け、園中に荘厳なる頌徳殿と離宮を奉建してほしいというものである。請願

に対して政府委員の赤木朝治内務書記官の詳細な説明およびその結論は、「国立公園を設置してほしいとの要望は各地にあるが、莫大な経費がかかる。現在の政府の財政状況では困難」との単純明快なものであった。

高千穂は問う。「今後、各地の国立公園案は実現するのか」と。答えて赤木政府委員は「当分見込みなし」と断言した。すると、高千穂は「地元を国立公園に編入すべく、代議士に陳情する者が多いようである」と述べ、さらに「もし代議士の運動が実現しなければ単なる空騒ぎとなり、人々の歓心を買うだけになってしまう。地方の人民の陳情も徒労に終わるだろう」と締めくくった。

この請願委員会での発言から、高千穂は国立公園が利権の対象となる事への懸念していたことがうかがえる。たしかに明治紀念公園設置の請願は富士山周辺の自然保護との主目的があるが、保護区と外との境界に線を引くだけではなく、離宮等の建物の造営も目指しているわけだから、建設利権を伴っているとも言える。

一方、「代議士が人々の歓心を買う」云々の件は、国立公園設置運動が有権者の票が欲しい代議士の選挙活動に利用されかねない、と考えたがゆえの指摘であろうか。高千穂がこのような危惧を抱いたのは、この第五〇回帝国議会で普通選挙法が成立し、成年男子国民全員が原則選挙権を得た政治情勢と無関係ではあるまい。高千穂は資産なき有権者がいかなる判断基準で候補者に票を投じるかについて不安を持っていたようだ。また、彼は自伝のなかで「政党時代の行政官は自分の栄達に足しになる人目に付きやすい仕事は熱心にやるが、地味な文化事業には見向きもしない」と苦言を呈しており、政党に信を置いていなかった。

同じく第五〇回帝国議会会期中の第七回請願委員会（大正一四年三月一七日）では、東北十和田湖の国立公園指定の請願が審議されたが、高千穂はこの件につき全く発言していない。反対もしなかったが後押

しもせず、彼が国立公園設置に対していささか消極的だったことがうかがえよう。筆者含む後世の虫屋からすれば、彼の国立公園設置に対する消極性は意外ではある。

●11――帝国議会での主張：若手研究者に然るべきポストを与えよ！

第四一回帝国議会が開かれていた大正八（一九一九）年二月二五日の第六回請願委員会で、高千穂は中央に国立の研究機関を設置せよと主張する機会があった。この日、「水産試験場設置ノ請願」が審議された。その摘要は、現在水産の試験は水産講習所および各府県立水産試験場が行っているが、相互の連絡を欠き試験方法の統一がない。また経費が不足し良好な結果が得られていない。よって、全国を数区に分け、各区に国立水産試験場を設けてほしい、との請願である。

請願委員会に出席していた政府委員の村上隆吉（農商務省水産局長）は、たしかに現在国立水産試験場との名称の研究機関はないが、国の水産講習所が実質的に水産試験の業務を一部担当している。漁業は地域ごとにとそれぞれの事情があり、仮に国立水産試験場ができたとしても地方試験場の業務は重要である。また、昨今の漁業技術は著しい発展を遂げており、試験場勤務の専門家では対応が難しくなっているが、高度すぎる専門分野については大学の研究に委ねてもよい、との考えを示した。一方、村上は漁業については各府県間で利害が衝突する事態も想定されるし、また高度な水産研究の必要性も実際あるので、国として取り組まねばならないとも考えている、とも述べた。村上の説明は多岐に及んだが、どちらかと言えば請願採択に消極的な姿勢を見せたとの印象を受ける。

それに対し高千穂曰く、日本の近海の調査はすべて外国の資産家や学者によって行われ、その調査報告が現在の日本の水産業の重要な資料となっている。これは一等国として恥ずべきことである。現在の水産講習所は漁業者を育成する場にすぎない。水産研究の脳髄となるべき研究者については、今後、大学から

優秀な人材が大量に供給されるであろうから心配することはない。また、そういった人材の活動の場を確保するためにも国立水産試験場を設けるべきだ、と主張した。

この国立水産試験場構想は、水産試験の中心となる国立の大きな研究機関をまず作れ、というものだ。委員会での高千穂の主張に対し、政府委員の村上も、現在の水産講習所の方式では、国家レベルの水産研究にいずれは不都合が生じることを認めざるをえず、財政上の都合さえつけば何とかしたいと回答した。

ここで筆者が特筆しておきたいのは、高千穂の発想が国立研究施設の単純な建設要求に止まらなかった点である。彼は、委員会のなかで日本の若手動物学者の能力が非常に高いことを紹介し、彼らの才能を生かすポスト確保のためにも国立研究機関が必要と訴えていた。高千穂は東京帝大の石川千代松や佐々木忠次郎などの動物学・昆虫学関連の教授連と親交を持っていた。おそらくは大学研究室で彼らの教え子たちに接する機会があったのだろう。高千穂自身は大学で博物学を学ぶとの希望を絶たれたが、日本を科学一等国にする夢を次代の学者たちに託したのである。

●12――国立自然史博物館を有して帝国は初めて一等国となれり

研究機関構想に関して高千穂が最も高い見識を披露したのは同じく第四一回帝国議会のときである。大正八（一九一九）年三月一〇日「工業原料植物研究所設置ニ関スル建議案」が議事に上がった。発議者は徳川頼倫侯爵以下七名、賛成者は蜂須賀正韶侯爵以下四五名である。この建議案は工業用の原料植物を研究する国立機関を設置せよというものである。建議案は特別委員会に付託されることとなり、徳川家達議長の指名で高千穂は委員の一人に選ばれた。

「工業原料植物研究所設置ニ関スル建議案特別委員会」は大正八（一九一九）年三月一七日に開かれた。本会議で建議案の論壇に立った三宅秀議員は、特別委員会のメンバーではなかったが、委員会に出席し冒

頭でも建議案の説明を行った。この三宅秀は嘉永元年生まれ。漢学、蘭学、医学等を修め、のちフランスに留学、帰国後は医科大学教授や医科大学長などを歴任した医学博士だ。建議案発議者議員のなかで、おそらくは学術理論面での中心人物であったと思われる。

学歴でいえば、学習院中退の高千穂は医学博士の三宅に遠く及ばない。しかし、そんなことでひるむ高千穂ではない。高千穂は三宅に問う。「なぜ工業原料を植物に限るのか？」と。三宅からすれば妙な質問だ。高千穂は「昆虫のなかにも工業材料を生産できるものがあるではないか。たとえばカイガラムシの一種がこしらえるロウ物質は建築材料にも応用できる。新施設の研究対象を植物に限った理由を述べよ」と畳みかけた。三宅は予想していなかった質問に狼狽したに違いない。とりあえず動物も、植物と同様に工業原料となりうることは認めたものの、動物の生産物を代替できる植物はある、と三宅はあくまで研究対象は当面植物に限定すべきとの回答を返した。

これ以上「新しい原料研究機関は昆虫をも扱うようにせよ」との自説にはこだわらなかったが、その後彼の主張はまったく別方向に向かう。高千穂は言う。外国では植物研究のような仕事は博物館で行われている。日本国民のなかには博物館とは標本を収集し陳列する場所だと考えているものがある。しかし、博物館はそういう施設ではない。博物館の本来の仕事はまずは学術研究、そして社会教育のはずである。つぎに改めて「工業原料植物研究所設置ニ関スル建議案」に賛意を表明した後、「自分は天産博物館をまず建設し、そのなかに植物研究所を作る、との意味で賛成したのである」と述べ、「国立の天産博物館が設置され、その博物館内でさまざまな研究が行われるようになれば、日本は初めて一等国となれるだろう」と締めくくった。つまり、真意は工業原料植物研究所建設への単純な賛成ではなく、まずは国立天産博物館を設置し、その付属研究機関として工業原料植物研究所を設けよと要求することにあった。帝国議会特別委員会の場で「国立自然史博物館を作れ。それなくして何が一等国か！」と堂々と主張したのである。

高千穂のこの見識は高く評価されるべきものであろう。同時に、博物館活動の構成要素は標本収集、保存、調査研究、教育活動の四つが柱とされるが（倉田・矢島『新編博物館学』）、彼もまた同様の見解に至っていた点も見逃せない。

筆者が高千穂研究に取り組むまで、彼の帝国議会における発言を拾ってみようなどと思いついた暇人はいなかった。また自伝『鶯嶺仙話』では自らの議員活動に関連した回顧談を残していないため、彼の国立自然史博物館構想は後世の虫屋にも知られることなく埋もれてきた。しかし、彼が帝国議会で「国立自然史博物館建設すべし」と主張した事実は博物学者・高千穂宣麿の再評価すべき重要事項であり、本書で筆者が最も強調したい点である。

●13――最晩年

自伝『鶯嶺仙話』は、昭和一一（一九三六）年一〇月の彦山生物学研究所の開所式およびその直後に九州帝国大学で開催された第一二回日本動物学会大会、そして高千穂本人による人生の総括で締めくくられている。つまり、人生履歴の記述については昭和一一年末を以て筆を置いた形となっている。しかし、高千穂はその後も一五年近く生きた。彼の最晩年はいかなるものだったのであろうか。

昭和一六年三月一八日、高千穂は九州帝大農学部昆虫学教室を訪問した。現在の昆虫学教室で保管されている来訪者ノートには「〇一年弥生一八日　お伺い致して　高千穂宣麿」との署名が残されている（図6-4）。他の訪問者が和暦で日付を記しているのに対して、高千穂は皇紀（二六〇一年）を使用している。これは前年昭和一五年が二六〇〇年の節目の年であり皇紀表記の流行の余韻といえようが、官幣中社の前宮司の彼の思想も考慮してよいだろう。

昭和一六（一九四一）年一二月八日真珠湾奇襲。以後、大日本帝国は破滅の坂を転がり落ちていくのだ

が、高千穂が戦争とどう関わったかについては伝わるところがない。もっとも、英彦山神社前宮司で従二位との高位にある以上、まったく無関係で過ごせたとは思えない。戦争に絡む揮毫の一つや二つは頼まれたのではなかろうか。

　高千穂の最晩年を九州帝国大学農学部昆虫学教室との関連を中心に述べてみたい。大東亜戦争中の高千穂について貴重な話を、伊藤修四郎博士（大阪府立大学名誉教授。故人）からうかがえた（拙文「追悼伊藤修四郎先生」）。九大昆虫学教室の初代および第二代教授の江崎・安松両先生に教えを受けた伊藤名誉教授は大正九（一九二〇）年生まれ。昭和一九（一九四四）年九月一五日、戦時特例の就学期間半年短縮で九州帝国大学農学部を卒業された。卒業の翌日には副手嘱託となり、同年一一月三〇日付で九州帝国大学附属彦山生物学研究所の事務嘱託（兼務）を拝命、同研究所にて昆虫学の研究に従事することとなる。

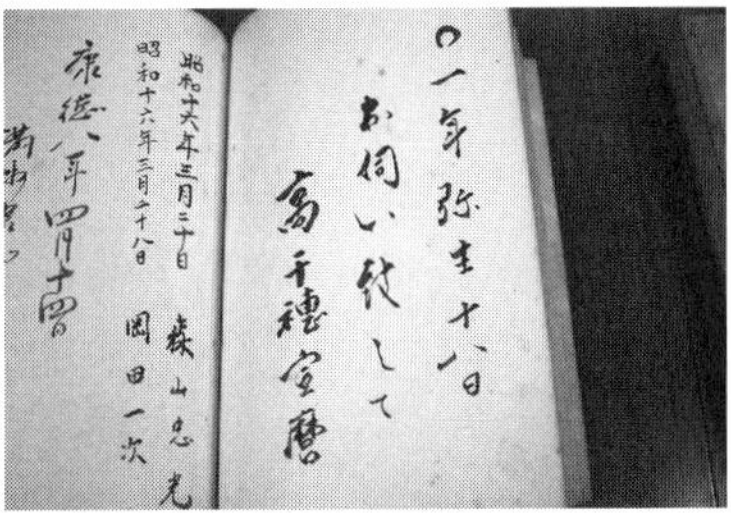

図 6-4　高千穂宣麿の署名（九州大学農学部昆虫学教室所蔵）

　伊藤名誉教授によれば、当時の九州帝大昆虫学教室の学生は、彦山生物学研究所で宿泊する行き帰りには必ず高千穂の自宅を訪問し挨拶することになっていた。学生たちの高千穂邸訪問はあくまで挨拶であって家に上がって話し込むことはなかったが、高千穂は学生の訪問を大変喜んだ。

　この戦争当時、宣麿は高千穂家の本宅ではなく、後妻的立場の徳子と一緒に暮らしていた。徳子は英彦山麓出身で、もともとは高千穂家の女中であったという。英彦山の測候所の前にあった高千穂の住まいは豪邸とは言いがたい平屋で、使用人や女中はおらず質素な生活であった。宣麿が英彦山神社宮司を継いだ長男の俊麿が住む本宅をどの段階で出たかはわからない。大正一四（一九二五）年の貴族院男爵議員選挙に落選し、

英彦山に戻ってきたときからすでにこの平屋に住んでいたとも考えられる。

伊藤名誉教授はじめ当時の九州帝国大学関係者は徳子を「奥様」と呼んでいたが、高千穂が彼女をどう呼んでいたかについてはわからないとのことだ。一方、第三者に対して嗣子の俊麿のことを話す時、「宮司は……」と名前ではなく〝宮司、宮司〟と呼んでいたのが、印象に残っているとのことだった。

昭和一九（一九四四）年一一月末日に研究所勤務となった伊藤名誉教授は高千穂の自宅に招かれ食事を御馳走になることもあった。高千穂は昆虫学を志す若者の来訪を大歓迎した。戦争中、英彦山が位置する添田町は農村部とはいえ、供出による物資不足により御多分に漏れず食糧事情は悪かった（金子『添田町誌』）。もっとも、ある意味下界から離れ、山の恵みに与れる英彦山の食い物事情は多少マシな一面もあったらしい。高千穂は「夏場が近くなると、前年に収穫した米が不味くなる」とこぼしていた。米が美味いだの不味いだの贅沢を言えるのは男爵様だからだろう、と意地悪く批評したくなる戦中派もいるだろうが、九州帝大を卒業したばかりの伊藤名誉教授も食い物については似たような状況下にあった。研究所小使いの広津一松氏が研究所前庭で収穫したネマガリダケの竹の子を茹でた後に乾燥させた保存食があり、猟師が捕ったシカの内臓料理の御相伴にあずかることもできた。伊藤名誉教授自身は、決して豊かではなかったけれども、戦争中の英彦山であまりひもじい思いをせずにすんだらしい。

伊藤名誉教授は、高千穂との会話のなかで戦争の現状に関する話題が出たか否かは覚えておられなかった。したがって筆者が最も知りたかった、高千穂が敗色濃い帝国の行く末をどう憂いていたかについては推察できる材料がない。

このほか、高千穂にまつわる二つの晩年のエピソードを最後に紹介したい。一つ目はいつの時期からは不明だが、晩年英彦山の一角にある豊前坊高住神社の神官を務めていたとの話。明治四〇（一九〇七）年に英彦山神社の宮司を辞職したが、結局最晩年まで神道とは縁を切れなかった。英彦山の東方北岳の麓、

鷹巣原に位置する豊前坊高住神社に向かうには、齢八〇に達した高千穂にはさすがにきつかったようだ。そこで毎年の祭礼には籐椅子に座り、その籐椅子の両側に太い竹を結び付け、前後より人に担がせて神社に行き、神主としての役目を果たした。担ぎ手の一人は先の広津氏であったが、相棒の村人は毎年変わったらしい。というのも、高千穂は体格が良く、籐椅子を担ぐのは重労働であり、一度奉仕した者は二度と応募しなかったからだそうである。

なお、筆者が現在の豊前坊高住神社の方から聞いたところによると、同神社近くに住んでいる現在八〇歳以上のお年寄りのなかにも、高千穂宣麿がかごに乗って高住神社の方へ向かっていた姿を記憶し、「子供心に素敵に見えた」と回顧される方がいるという。高千穂の高住神社への道中は地元住民にずいぶんと目立っていたようだ。

二つ目は高千穂と彦山生物学研究所との関係である。昭和一一（一九三六）年の研究所設立とともに、自らが収集した標本すべてを九州帝大に寄贈した高千穂は、研究所開所からほどなくして研究活動からは身を引いた。しかし、戦争中、月に一度か二度ぐらいの頻度で研究所をふらりと訪問した。豊前坊高住神社に向かうときとは異なり、研究所へは自力で歩いてきたという。研究所にたどり着くには現在も長い石段を上らねばならない。最晩年にあってもなお健脚であったといえよう。研究所に来訪すると、置かれていたスタッフ日誌や来訪者の執筆帳を丹念に読むことを大変楽しみとしていた。研究所に長時間の滞在はしなかった。これらのノート類には研究所への来訪者が自由に記帳することになっており、誰が研究所を利用したかが一目瞭然でわかる。高千穂は自らが設立した研究所が昆虫学の発展に確実に貢献していることに、無上の満足感を得たのである。

晩年の高千穂の人柄を彷彿させる写真が一枚残っている（図6-5）。昭和一〇年代前半撮影と推定される写真は高千穂と江崎悌三九州帝大教授の家の集合写真だ。一番左が高千穂で、右の方に縦に並んでいる

女の子三人が江崎の三息女である。英彦山の住民は〝高千穂男爵様〟を良くも悪くも畏れていたが、子供たちはまた別だったのであろうか。そこに写るは官幣中社英彦山神社を背負う責務から自由となった好々爺高千穂の姿である。

図6-5　江崎悌三と高千穂宣麿。最上列中央が江崎。最下列一番左が高千穂宣麿。昭和初期頃（鈴木瀬奈氏所蔵）。

●14――九州大学昆虫学教室に遺したもの

高千穂宣麿は彦山生物学研究所との立派な研究所を、九州大学農学部昆虫学教室に残した。宿泊可能なこの研究所は、昆虫学教室の学生が泊まり込みで昆虫調査を行う際の大きな助力となった。そして、もう一つの大きな財産を、九大の学生たちに遺した。それは彼の後妻的立場だった、前述の女性の徳子である。

高千穂宣麿の妻の芳子は旧公家の四辻家（のち室町家）出身の令嬢で、昭和一六（一九四一）年に他界している。そして、霞会館華族家系大成編纂委員会編『平成新修旧華族家系大成』に掲載されている高千穂家の家系図を参照すると、宣麿の子息の何人かは、正妻の芳子の所生ではないことが容易に推察できる。ざっくばらんにいうと、宣麿には正妻以外にも女性が何人かいて、徳子はそのような女性の一人だった。

筆者は拙文「博物學者高千穂宣麿先生小傳」で、この徳子のことを「後妻的立場の女性」などとまどろっこしい表現で呼んだが、ようするにお妾さんである。筆者は昭和二八（一九五三）年に彦山生物学研究所の研究嘱託になった黒子浩博士（元大阪府立大学農学部教授。故人）に、徳子の詳しい話を聞くことができた。

徳子の名字はわからない。黒子先生、戦争中に彦山生物学研究所に勤務していた伊藤修四郎名誉教授、そして彼女と長く交流があった彦山生物学実験所（彦山生物学研究所の後身）の中條道崇元助教授（故人）にうかがっても、宣麿が徳子を正式に籍に入れていたかどうかもわからなかった。

徳子が宣麿の子を産んだかどうかについても確証を得られなかった。黒子先生は徳子の家を何度も訪問したことがあるが、「徳子さんにはっきりと聞いたわけではないが、徳子さんには子供はいない。そんな姿を見たことがない」とのことだった。黒子先生自身は徳子に子がいないとの判断に相当自信を持っておられた。

徳子は宣麿死去後も家を与えられ、英彦山に住み続けていた。そして、いわば亡き夫の忘れ形見である彦山生物学研究所に出入りし、黒子先生や研究所にやって来る九大昆虫学教室の学生の面倒を見ていた。森本桂九大名誉教授（筆者の恩師。故人）もその一人で、学生時代に徳子に食事を御馳走になったことがあるという。

図6-6　高千穂宣麿の墓（福岡県英彦山）

黒子先生の記憶によれば、昭和三〇年代には英彦山神社周辺でも人々の服装は洋装が主流となったらしいが、徳子はいつも着物で山を歩いていた。彼女は厚化粧で実年齢よりも若く見えた。派手な着物ではなかったが、颯爽とした歩きぶりが印象に強く残ったという。筆者が黒子先生の御自宅におうかがいしたとき、横にいた先生の奥様も「徳子さんはほんと颯爽と歩いておられたよねえ」と回想されたので、よほどきびきびとした方だったのだろう。黒子先生が所持しているアルバムには彦山生物学研究所の入口前で

撮影した記念写真があり、そこに徳子は写っていた。

また、昭和四〇年代に入っても彼女は生物学研究所によく顔を出し、九大のスタッフの面倒をよくみていた。近所で採れたアミガサタケを研究所に届けたりもした。また、研究所で催し物があると皆の世話をし、御田祭では地元の人の輪に飛び込んで踊ったこともあった。かなり活動的な女性であったことがわかる。

徳子は体系的に昆虫学を修めていたわけではないが、昆虫にやたらと詳しかった。この年代の女性で昆虫に通じているというのは稀有に近い事例と思われる。彼女は宣麿と知り合ってから虫の知識を蓄えたのか、もしくはもともと虫好きだったから宣麿のお眼鏡にかなったのか、今となっては詮索不可能であるが、興味を惹かれるところである。

さて、徳子は高千穂宣麿の子を宿したのかとか、晩年はどうであったとか、筆者は故人のプライバシーをずいぶん嗅ぎまわったものだ。「お前は虫屋よりも週刊誌の記者に向いている」と言われても「ぐう」の音も出ないし、実際その自覚はある。なぜ、筆者は徳子のことがそんなに気になるのか？　それは、高千穂の伝記を書いた筆者に高千穂宣麿贔屓の傾向があるのはたしかだが、それ以上に徳子さん贔屓だからである。

中條元助教授によると、徳子は正妻ではないとはいえ身分高き人の身内だったし、またその他の理由で地元の人は彼女から一歩距離を置いているような印象を受けたという。黒子先生は高千穂宣麿の長子で後継ぎの宮司の俊麿と面識があった。黒子先生からは徳子と俊麿はいがみ合っていたわけではないが、仲が良かったようにも見えなかったと聞いた。このほか徳子は宣麿死去後、村民から何となく浮いていた、との別の方の証言もある。伊藤・黒子両先生の御記憶から、徳子が地元英彦山出身であったことは間違いなさそうだ。となると、宣麿死去後、徳子には英彦山を去るあてはなく、同地に残るしか選択肢はなかった

のかもしれない。

周囲と疎遠気味であった徳子にとって、亡き宣麿が残した生物学研究所は数少ない心の拠り所の一つではなかったか。徳子に偏見を持たない九大昆虫学教室関係者との交流は、彼女にとって心休まる一時ではなかったか。それゆえに、徳子は研究所に出入りし、昆虫学教室の学生たちの面倒を見たのではないのか。これすべて筆者の憶測にすぎないのだが、「徳子さんの自宅は湿気が酷く床がひどく痛んでいた」との黒子先生の回相談を合わせると、やはり筆者は徳子に深い同情を禁じえない。彼女が宣麿の子を宿したか否かを筆者が知りたかったのは、もし御子息が存命なら、何とか探し出して徳子の思い出話を聞きたかったからである。

徳子が九大昆虫学教室関係者を特別視していたと思われるふしがある。黒子先生によれば、九大理学部の教員や生徒が動物類調査のために英彦山の研究所に来ることが時々あったが、そのときは徳子は出しゃばらず、絶対に顔を出さなかったそうである。彼女が世話をするのは、あくまで亡き夫の宣麿と親しかった江崎悌三の門下生だけであった。

正確な名字すら伝わっていない、虫好きおばさんの高千穂宣麿夫人徳子。しかし、九大昆虫学教室としては彼女の存在を決して忘れてはならず、後世に語り継がねばならない。それが同教室の末端に繋がる筆者の思いである。

●15———大変面白い人ではあるけれど

高千穂宣麿。仮病を使ってでも仕事をサボって虫捕りに行く。禁猟区で銃をぶっ放す。自伝『鶯嶺仙話』は明快にして痛快。華族様のくせに、人を小馬鹿にした記述も目に付くし、人の好き嫌いも率直に述べる。それがかえって男爵高千穂の飾らない人柄の表れのように映り、読者の高千穂への親近感を増幅さ

せている。高千穂宣麿がものすごく面白い人だったことは間違いない。

筆者は帝国議会の議事録から「国立自然史博物館を作るべし」との高千穂の卓見を引っ張り出すことができた。このほかにも、議会における高千穂の発言からは、彼の学術に対する高い見識を読み取れた。科学史との観点から、高千穂宣麿は大いに再評価されるべき博物学者である。もっとも、国立自然史博物館構想については、高千穂はまがりなりにも貴族院議員との立場にありながら、その権限を行使して構想の実現化に最大限努力したとは言えない。議会内だけの無責任な放言に終わったのが実情である。また、高千穂は西園寺公望の甥なのだから、西園寺内閣および立憲政友会の実力者で、稀代の政党政治家の原敬を、叔父に紹介してもらうこともできた。そして、原に直談判して、国立研究施設の充実を働きかけることもできたはずである。しかし、原の政界の人的交流を詳細に記録した『原敬日記』に、高千穂は一切登場しない。政党に不信感を抱いていた高千穂には、理想実現のために原に頼るとの選択肢はなかった。この点は彼が良くも悪くも学者であって、根回しを必要とする政治家の資質を持たなかったがゆえである。

また、高千穂の思考に華族としての限界があるのも否めない事実である。自伝『鶯嶺仙話』で「利己心以外に一点の愛郷心のない山民共」等の侮蔑表現で、森林利権に群がる人々を非難する。そして、そのような住民の郷土愛を高めるためには、自然の美を悟らしめ、その恩恵を認識させるのが第一義であるとの発想から、英彦山での博物館設立を計画した。その構想が昭和一一（一九三六）年の彦山生物学研究所創建との形で結実した。高千穂の主張は正論である。しかし、目先のカネ儲けを考えざるをえないのが一般庶民である。博物館建設で住民は郷土愛を育み利己心をなくすはずとの彼の発想は、現実の生活からかけ離れた殿様的空理空論との印象を拭えない。高千穂の過大評価は慎みたい。

最後に高千穂らしい傑作の発想を紹介して、この章を終わりたい。自伝『鶯嶺仙話』の序文は、敗戦後の昭和二〇（一九四五）年一一月に書かれた。そのなかで彼は言う。「八月一五日の無条件降伏により、

我が国は明治初年の小日本に逆戻りした。感慨無量である」と。うん、ここまでは敗戦の憂き目に立ち会った人間によくある心情の吐露だ。しかし、そこからが面白い。「日本が支配下に置いた南洋熱帯の大型昆虫を刺せるよう、太い昆虫針を用意していたのに、それが無駄になってしまった。今や南方の昆虫を手にすることができなくなってしまった。青年有為の諸君も残念だろう」。幕末から戦後を駆け抜けた高千穂の生涯は、日本の近代そして華族制度の歴史そのものである。にもかかわらず、祖国の敗戦で高千穂が抱いた心痛は、自身が爵位や特権を奪われる怖れではなく、熱帯のでっかい虫が捕れないとの悔しさなのだ。まったく、虫好きにもほどがあるではないか。困ったお人である。

第七章　元虫捕御用の近代――田中芳男

時は日本近代。江戸後期の信濃国天領の医師の家に生まれ、幕臣として維新の動乱を生き抜き、旧徳川家臣であるにもかかわらず男爵・貴族院議員まで登り詰めた異才がいる。その男の名を田中芳男（一八三八―一九一六）という。筆者は自身が虫屋であるせいか、田中芳男を「日本の昆虫学の祖」とだけ認識しがちだが、実際は近代科学史のあらゆる分野で名前が出てくる重要人物だ。

現在の長野県飯田市に生まれた田中は、幕末には幕府開成所物産所の虫捕御用で、つまり仕事で昆虫標本を蒐集した昆虫採集の先駆者である（図7-1）。そして、博物学の知識を最大限に生かした動植物学洋書やその用語の翻訳者としてその才能を発揮した。蕃書調所のスタッフとしてドイツ語を研究し、幕末ドイツ学の祖にして化学者でもあった市川兼恭（斉宮）とも交流を持っていた（市川『浮天斎日記』）。明治維新後は新政府の官僚に転身し、日本の近代化学の源流とも呼ぶべき大阪舎密局の設立と運営に尽力したほか（拙文「三崎嘯輔の生涯」）、幾度となく万国博覧会に派遣されたことも有名である。さらに、近代博物館や動物園の建設にも深く携わったほか、大日本農会、大日本山林会、大日本水産会などの会頭・役員を務めた。

『日本近現代人名辞典』で、田中は「博物学者、物産家」と紹介されている。しかし田中が関与した学問領域は動物学、昆虫学、植物学、外国語学、化学、博物館学、農学、林学、水産学等とあまりに広い。

図7-1　田中芳男胸像（長野県飯田市）

図7-2　田中芳男顕彰碑（長野県飯田市）

日本の昆虫学の祖である田中を本書『近代華族動物学者列伝』で扱うことに異論は出ないだろうが、彼の肩書は「博物学者、物産家」の二単語だけでまとめきれるものではない。また、巷でよく言われる「博物館の父」との称号もしっくりこない。日本の博物館建設に尽力したのは事実だが、あくまで行政面からの設置推進の役割であった。田中自身が博物館長の職に長く就いて、資料収集や学術研究にあたったわけではない。

平成三〇（二〇一八）年九月、筆者が飯田市美術博物館で講演したとき、先方の学芸員が「地元の偉人として、田中をもっと顕彰したいが、彼の業績を市民にわかりやすく説明するのは難しい」と言っていたことをよく覚えている（図7-2）。「摑みどころがない人物」との田中評も、さもありなんと首肯できる（山本「博物学者田中芳男研究」）。仮に顕彰対象が野口英世なら医学者、伊藤博文なら初代総理大臣、とわかりやすい肩書がある。しかし、田中はその肩書、職業がわかりにくいのだ。つまるところ、田中ほど何者だったかを一言で表現しにくい人間も珍しい、ということになる。

1——略歴

では、田中は何者だったかを明らかにすべく、彼の職歴を追ってみよう。年代ごとの履歴としてよく引用される文献は主に以下の三つがある。

- みやじましげる『田中芳男傳』
- 田中義信『田中芳男十話　田中芳男経歴談』
- 田中義信「新資料　田中芳男自筆『田中芳男履歴年表』解説と翻刻」

そして、この三つの文献に、いくつかの資料から得られた知見を合わせて、筆者が作成した田中の年譜が「没後百年田中芳男先生年譜」である。1節では拙文から主要な職歴を抜粋して、田中の略歴を記すこととする。

田中芳男は天保九（一八三八）年、医師田中隆三（如水）の三男として信濃国伊奈郡飯田荒町（現在飯田市）に生まれた。安政元（一八五四）年、兄の文輔が没したので、家督を継いだ。文久元（一八六一）年、尾張藩蘭方医で、田中の師の伊藤圭介が幕府蕃書調所出役となったのを機に、随伴して江戸に向かう。翌文久二年、田中自身も蕃書調所物産方手伝出役に登用された。田中はアメリカから渡来した野菜・穀物・豆類の目録を作成し栽培を開始。その後、ロシア、オランダ、英国から輸入された種苗の試験栽培も行った。慶應二（一八六六）年、幕府のパリ万国博覧会出品用の昆虫標本収集のため、虫捕御用として相模・伊豆・駿河の東海地方を回り、昆虫を採集した。国家公務員が公務として昆虫採集をした、我が国最初の事例である。翌慶應三年はパリにて博覧会の出品物の展示に従事した。その際、田中はパリで国立自然史

博物館とその附属植物園並びに動物飼育場を視察しており、そのとき得た見識でもって、明治維新以後の上野の博物館や動物園の創設に深く関わることになる（小宮『物語上野動物園の歴史』）。

明治元（一八六八）年、徳川幕府崩壊。欧州から帰国したのち、同年新政府の鎮台府から開成所御用掛を仰せ付けられた。近代化を急ぐ新政府には、旧幕臣からの人材登用を躊躇する余裕はなかった。続いて新政府より大坂行きを命ぜられ、同地にあった理化学学校である舎密局の御用掛となった。明治五（一八七二）年、墺太利国博覧会御用掛を命ぜられ、翌年にはウイーンに出張した。以降、田中芳男は明治政府でも幕末の経験を生かした博覧会関連の役職に就くことが多くなる。その後、米国博覧会事務取扱（明治八年）、農商務省農務局長（明治一四年）、博物局長（明治一五年）などを歴任した後、明治一六（一八八三）年、元老院議官に勅任された。以降、死去するまで立法に関わり続けた。明治二三（一八九〇）年、貴族院議員に勅選される。旧幕臣で、門閥の力を背景に持たなかったが、己の力量だけでもって終身の帝国議会議員にまで登りつめたのである。

明治二九（一八九六）年、自らが発議者となって、貴族院議長蜂須賀茂韶に博物館建設を求める建議案を提出した。我が国の博物館史に名高い「博物館設立の[redacted]議」である。そのなかで、（1）博物館と図書館は両立させて発展させるべきである、（2）欧米列国に[redacted]る諸学科を網羅できる一大完備の国立博物館を我が国にも設置すべきである、と説いた。田中発議のこ[redacted]建議は、日本の憲政史上初めて議会に提示された博物館振興策であり、現在も高く評価されている（椎[redacted]「田中芳男の博物館創設を回顧する」）。この建議により、田中は「博物館の父」との称号を不動にしたとい[redacted]てよい（注①）。

勅撰貴族院議員になった後も、内国勧業博覧会評議員や水[redacted]博覧会評議員など、博覧会関連の委員に繰り返し任ぜられた。また、大日本山林会や大日本農会などの役[redacted]も務めた。明治三五（一九〇二）年には、私立東京高等農学校（現在の東京農業大学）の校長職も引き受けて[redacted]る（東京農業大学『田中芳男と東京農業

大学』）。このように貴族院議員就任後も博覧会と農林水産業との縁を深く持ち続けた。大正三（一九一四）年六月、細川潤次郎男爵、加藤弘之男爵、辻新次男爵、花房義質子爵の四名は、国家に大功ある田中に男爵の爵位を授けるように運動を起こしたが、この時点では却下された（松田『華族爵位請願人名辞典』）（注②）。しかし、大正四（一九一五）年、今度こそ長年の功により男爵の爵位を授けられた。田舎の医師の三男坊にすぎなかった田中は立身出世を遂げ、ついに華族に列せられたのである。しかし、そのわずか半年後の大正五（一九一六）年六月二〇日、七八歳で死去した。

以上、田中の主要な履歴を羅列してみたものの、彼の職歴はあまりに雑然としすぎている。これでは、「田中芳男とは一体何者か?」との問いに対して、万民が理解できる答えにはなっていない。その理由として、現代人がイメージしやすい大臣や帝国大学教授になっていないことが挙げられよう。明治二三（一八九〇）年に、大臣の一歩手前に当たる農商務次官候補として世間に取り沙汰されたことがある（同年六月八日付東京朝日新聞）。しかし、結果的に次官就任は実現せず、彼の官僚時代の職歴の肩書は「―局長」「―御用掛」などにとどまった。となると、田中が就いた公職のうち、最も重たいポストは貴族院議員であるが、大臣や議長経験はなく政治家としては生涯平議員にすぎなかった。となると、結局は「偉い人らしいが、何が偉いのかよくわからない」との振出しに戻ってしまうのだ。

筆者個人としては、田中芳男の職業は、幕末は動乱の時代に頭角を現した青年洋学者、明治時代前半は官界に転じ、生物学系科学行政官僚として農商務省や文部省博物局等に奉職、明治後半以降は貴族院に所属した帝国議会議員、とまとめることにしている。

●2――軽視されてきた元老院議官時代

田中芳男は博物館史の観点から論文で取り上げられることは多い。その一方で、不思議なことに彼には

まとまった伝記がほとんどない。新書の類いで伝記が刊行されないのは、1節で述べた功績のわかりにくさが一般の読者を遠ざける、との判断があるのかもしれない。

ほぼ唯一の伝記は、みやじましげる著『田中芳男傳』だが、四百頁超の大作であるわりには、田中の生涯を時系列に追った伝記ではないうえ、彼の人生のすべてを網羅した内容とはなっていない（注③）。とくに、明治後半以降の田中の動向については、記述が乏しい。

さらに、従来の関連文献のなかで、ほぼ空白となっていたのが明治一六（一八八三）年から同二三年まで、その地位にあった元老院議官時代である。田中は議官として、元老院会議の場でどのような発言をしたのか？　寡聞にして、元老院議官時代を詳細に論じた文献に心当たりがない。この時期の田中は、これまで関心を持たれなかったようである。

では、明治八（一八七五）年に設置された元老院とはいかなる機関であったか。ここで久保田『帝国議会』を参照しつつ、同年一一月二五日に改正され、実際の元老院会議に適用された「元老院章程」から、元老院制度を簡単に引用解説しておく。まず議案が勅命によって内閣から元老院に下付される。議案には議定議案と検視議案の二種類がある。通常の議案は議定議案に分類され、まずは、第一読会で書記官による議案朗読、内閣委員による趣旨説明を経て、議官は議案全体の可否を議論する。次の第二読会では逐条審議が行われ、ここでは議案に修正意見を出すこともできる。そして、第三読会では議案の最終的な可否が決せられる、との手順を踏んだ。

これだけ見ると、行政府から独立した立法機関をイメージしてしまうが、実態は相当かけ離れている。まず、元老院議官は勅任なので、国民の選挙によって選ばれる現在の国会議員とは似ても似つかぬ存在である。また、元老院会議を通過した議案は太政官に戻され、公布の可否が判断された。そして、元老院で否決された議案、修正された議案についても、太政官が公布の可否を決める。つまり、元老院が「この議

案は否決」としても、太政官は元老院の議決に従う必要はないのである。さらに、検視議案になると、元老院では実質的な審議すらできず、議官たちは旧法との間に齟齬がないか、不備不明な点をチェックするだけであった。

つまるところ、元老院は法律の諮問機関であって、純然たる立法機関とは言いがたい。しかし、元老院議官は政府の有力政治家が人選していたにもかかわらず、政府提出の議案を盲目的に追認する、飼い犬のような機関だったのではない。元老院と政府との関係が緊張することもしばしばあった（久保田『元老院の研究』）。また、元老院議官に勅任された人々は優れた見識を持った者が多く、後の議会政治の成立発展に果たした役割は小さくなかったとする評価があるのも事実である（内藤『貴族院』）。

●3――元老院議官として：獣医の軍務負担を軽減せよ！

元老院会議における各議官の発言は『元老院會議筆記』に記録されている。田中は約七年間の議官を務めたが、その発言回数は他の議官と比較すると、とくに目立って多い方ではない。明治一九（一八八六）年三月には田中の昆虫学の専門的知識が大いに生かせそうな「蠶種検査規則ノ件」が議案となった。第一読会は開かれたものの、内閣の通告により、会議は第二読会が開かれる前に中止となってしまった。結局、博物学者らしい見識が見受けられるのは、以下の「徴兵令改正の儀」における発言である。

時は明治一六（一八八三）年一一月一六日。「徴兵令改正の儀」が元老院会議で審議された。同日開会の第一読会では、田中は沈黙を守った。同年一二月一四日に第二読会が開かれた。第二読会での審議が進み、第二〇条の検討に入った。第一読会で朗読された第二〇条の第一から第四項では召集の猶予者が規定されており、（1）官吏及び戸長、（2）教導職、（3）官公立学校教員、（4）府県会議員は、「豫備兵ニ後備兵ニ在ルトヲ問ハス、復習點呼ノ爲メ召集スルコトナシ」とされていた。

ここで「復習點呼ノ爲メ召集スルコトナシ」とは何かを説明しておこう。明治一二（一八七九）年に改正された徴兵令によると、毎年一度、予備兵は屯営に召集され、軍事訓練を受ける。後備兵もまた一年に一回、定められた場所に集合させられ、訓練を受けなければならない、と規定されていた（松下『徴兵令制定史』）。前述の第二〇条第一から第四項は、この召集が免除される職業を定めていた項なのである。

一二月一四日の第二読会では、別の召集免除者を指定する「府縣立醫學校ノ卒業證書ヲ所持シテ醫術開業ノ者」との二〇条第五項が書記官によって朗読された。簡単にいうと、前述の官吏や教導職などの免除者四項目の原案に対して、さらに医者をも召集免除者に含めるべし、との修正案を審議したのである。

しかし、田中はこの第五項の可否の審議がまったく始まっていない段階で、妙なことをいい出した。第六項として「府縣立醫獸學校ノ卒業證書ヲ所持シテ獸醫開業ノ者」も加えるべし、端的にいうなら獣医も召集免除せよ、と要求したのである。同じ元老院議官の井田譲が「現在官立や府県立の獣医学校は我が国にあるのか？」と問うたところ、田中は「農商務省附属駒場農学校に獣医の一科があるが、府県立の学校はない」と答えた。それを受けて、佐野常民議長が「府県立の学校がないのに、条文に『府県立』と書くのはおかしいではないか」と指摘すると、「然り。では『官立府県立』に文言を修正する」と素直に応じた。

田中のこの修正案に対して、槇村正直議官は賛成したが、鍋島直彬議官が「そもそも、医者の召集免除を定めた第五項が現在の議題である。田中議官の修正案の審議は、第五項がすんでからだ」と異議を唱えた。佐野議長は鍋島の意見を是とし、田中の修正案の審議は後回しにする、と通達。その後、昼休みを挟んだ後、田中は「考え直したところ、現在の獣医科は駒場農学校の一科にすぎず、未だ専門学校の体裁が整っていない。よって第六項を加える自分の修正案は撤回したい」と発言し、了承された。

しかし、同年一二月二一日の第三読会で、田中は一週間前に一度撤回したはずの第六項を再び持ち出す。

曰く「日本における獣医学の歴史は浅い。しかし、獣医学を確立させねば、牧畜業は発展しないし、戦場で必要な軍馬も用意できない。実際、陸軍は専門的な知識を持つ獣医を欠くため、軍馬を揃えるのに苦しんでいると聞く。獣医の養成のため『官立府縣立醫獸學校ノ卒業證書ヲ所持シテ獸醫開業ノ者』との一項を第二〇条に加えよ」と。獣医業の充実のために、獣医従事者の軍務負担の軽減を改めて主張したのである。

田中が再提出した修正案に対し、柴原和議官は「人の生命を司る貴重な医者と、獣の命を扱う卑賤な獣医を一緒にするな」と、現在の動物愛護者が聞けば卒倒しそうな理屈を持ち出して反対した。結局、修正案は津田真道や神田孝平の旧明六社メンバーらの賛同は得られたものの、田中の動議は圧倒的多数で否決されてしまった。実際、同年一二月二八日に改正された徴兵令第二〇条では、招集が免除されているのは第五項の医者までであって、獣医に関する項目はない（松下『徴兵令制定史』）。田中の主張は通らなかったのである。

「徴兵令改正の儀」の審議の過程で、田中は二〇条第五項の審議が始まっていないのに、第六項の追加を要求したり、この時点では存在しない府県立の獣医学校との名称を条文に書いたりと、会議をいたずらに混乱させてしまった。また、己の修正案の撤回と提出を繰り返すなど、田中らしからぬ稚拙さが目立つ。元老院議官に勅任されたのは、明治一六（一八八三）年六月なので、この時点では就任後まだ半年しかたっていない。さすがの田中も元老院会議の審議作法に慣れていなかったというべきか。

一方、田中が日本の獣医学の立ち遅れを痛感し、それゆえに獣医業従事者への特別措置を求めたのは、彼の博物学者ならではの発想と評価すべきだろう。一二月二一日の第三読会で「獣医を下に見る悪習を断たねばならない。獣医にも人の医者と同様、召集免除との特典を与えるべきだ」と述べている。元老院議官との顕職にある人間が「卑賤な獣医」と放言する時代である。田中とすれば、獣医者の軍務負担を軽減

し、本職に専念させたいとの直接的な要求もさることながら、長期的には獣医者の社会的地位を高めて、優れた人材を獣医学の業界に集めることが真の狙いだったに違いない。

明治二三（一八九一）年の帝国議会開設に伴い、元老院は廃止となった。田中を含む多くの元老院議官は新設される貴族院勅撰議員に横滑りとなったが、議官全員が機械的に貴族院議員になれたのではない。洋行経験の有無や元老院会議への積極性が判断材料となったようだ（久保田『元老院の研究』）。「新しい議会に必要不可欠な人材」と目された田中の次の活躍の舞台は貴族院へと移ることになる。

●4――細かい文言にこだわる実務型議員

もし田中芳男が現在市販されている履歴書を埋めようとすれば、とても二枚や三枚で収まりきれぬ多彩な職歴がある。そして、最も長くその地位にあった公職は明治二三（一八九〇）年〜大正五（一九一六）年、すなわち七九年間の彼の生涯の実に三分の一に及ぶ貴族院議員なのだ。4節以降では拙文「帝国議会における元虫捕御用の田中芳男」を補筆訂正しつつ、従来言及されてこなかった帝国議会における田中芳男の約二五年間の活動を紹介したいと思う。

彼はどんな姿勢で議場に臨んだのか。時は第五回帝国議会（明治二六年一一月二八日開会）での狩猟法案の審議でのこと。田中が執拗に噛みついたのは同法案の第四條「左ニ掲クル場所ニ於テハ狩獵ヲ爲スコトヲ得ス」の第四項目「公道」である。原案では「公道」となっていたが、特別委員会で「國道縣道」に修正されたものが、同年一二月八日の本会議で示されたのである。

田中はこの修正に異議を唱える。「国道県道以外の道路でも銃を撃てば迷惑ではないか。原案通り公道に戻すべきだ」と。一方、伊達宗敦男爵は「公道だと山中、畑のあぜ道すべてを含んでしまう。それら全部を公道としてしまうと狩猟ができなくなる」と反論した。田中は納得せず「そうは言っても県道だから

危険だ、他の道は大丈夫との区別はおかしいではないか。里道であれ村道であれ狩猟を禁じるのが好ましく、したがって公道の方がよい」と引き下がらない。その後の詳細は省くが、最終的には田中の意見が受け入れられ、一二月一一日の第二読会で、第四項については、委員会の修正案ではなく「公道」と記された原案が起立者多数で可決されている。

次は、明治二七（一八九四）年一二月二四日開会の第八回帝国議会の事例。田中は獵虎膃肭獣獵法案特別委員会の委員に選ばれた。明治時代以降、北海道には外国の密漁船が押し寄せ、海獣を盛んに捕獲していた。開拓長官の黒田清隆は海軍に密猟取り締まりを依頼したが、北海道の開拓自体が進んでいなかったこともあり、日本側の猟も振るわなかった（井黒『黒田清隆』）。獵虎膃肭獣獵法案は、農省務大臣が日本人漁師にラッコとオットセイの猟獲の免許を与え、かつ禁猟区や禁猟期間を設定して、外国漁船に海獣資源を奪われないようにするとの狙いがあった。

翌二八年二月五日、第二回特別委員会が開かれた。この法案の第二条では、ラッコとオットセイ保護のため、勅令をもって禁猟期を設け、猟船、猟具、猟法を制限し、捕獲を禁止する個体の性別や年齢を定めることができる、とされていた。委員の一人の村田保は「猟法は猟具に含まれるから、条文から猟法との文言を削除すべし」と要求した。しかし、すかさず田中は「ならば、毒を流す捕獲法はどうなる？」と返した。毒を使う狩猟方法は猟具とは呼びがたいから、猟法との文言を削るべきではない、と言いたいのである。さらに、調所廣丈委員も「陸上で海獣を撲殺することもあるだろう。やはりこの場合も、撲殺は猟具には含め難く、猟法と呼ぶべきものだろう」と発言した。結局、田中の主張が通り、「猟法」との文言を残したまま、獵虎膃肭獣獵法案は特別委員会で可決された。

この狩猟法案と獵虎膃肭獣獵法案の事例からわかるように、田中の貴族院における発言は面白くも何ともない。骨の髄からの理科系の筆者からすれば、言葉遊びをしているようにも思えてしまう。後者の特別

委員会で、猟法との文言の削除を求めた村田保は、水産振興に尽力した水産のプロである。それだけに田中とはプロ同士の本質的な議論があるかと思いきや、実態は前述のとおりで、細かい文言の取捨選択の話に終始してしまった。後世の人間は、ラッコが明治時代の乱獲で北海道沖合から姿を消したことを知っている（阿部『日本の哺乳類』）。それだけに、田中には海産資源の保護と利用の両方を見据えた、高い見識の披露を期待してしまうのだが、とんだ肩透かしである。

しかし、議会の場で細かい文言の不備を徹底指摘する田中は、豊かな官僚経験に基づいて発言しているのであり、また法案に齟齬が起きないよう実務に徹していた、といえる。他の多くの本議会と委員会でも、この姿勢は一貫している。博物学者の田中には、国の農林水産業行政や国立研究機関のあるべき姿の理想や理念があったはずだし、議会でそれを匂わせた発言はある。しかし、彼は一にも二にも実務重視であり、当面実現不可能なことを議会の場で雄弁するタイプではないのである。

●5——綿作保護を求めて

田中芳男は元能吏としての几帳面さを発揮して、さまざまな法案の文言の修正を要求した。しかし、常に議会の大勢に順応し、言葉尻を捕らえることだけに勤しんでいたわけではない。法案に反対したこともあったし、もちろん彼の意見が通らなかったことも珍しくない。大日本農会の副会頭（のち名誉顧問）を務めたほか、農業にかかわる著作も多い。ここでは綿作に関連した法案に対する田中の対応を取り上げてみよう。

第四回帝国議会（明治二五年一一月二九日開会）会期中の同二六（一八九三）年二月二二日。輸入綿花關税免除法律案が衆議院から貴族院に衆議院議長名で提出された。同年六月一日付をもって輸入綿花の海関税を免除するとの法案である。安い海外産綿花の輸入量の増加が見込まれる以上、国内綿作農家にとって

は死活問題になりかねない法案だ。蜂須賀茂韶議長は速やかに特別委員会委員の選挙に移ろうとしたが、田中は敢然と立ち「すぐに委員選挙に入るのは納得しがたい。この法案は短い時間で急速に調査できるものではない」と述べた。田中の真意が法案反対にあったことは明らかだ。谷干城議員も田中の見解を支持したが、委員選挙を議長に委託する動議が出され、異議は押し切られた（注④）。もっとも帝国議会は同三月一日で閉会となったので、法案はこの議会で成立していない。

第九回帝国議会（明治二八年一二月二八日開会）で輸入綿花関税の免除する法案は、政府案として再び提出されてきた。同二九（一八九六）年三月二四日の特別委員会における政府委員の目賀田種太郎（大蔵省主税局長）は「国内産の綿花は質量ともに不足している。海外綿花輸入の際の免税が必要だ。また国内産綿花と外国産綿花は用途が違うから輸入税を免除しても内地綿作が衰退することはない」と説明した。しかし、特別委員会副委員長だった田中は猛然と反論する。田中曰く「輸入税がある現在でも紡績会社は十分業績を上げているではないか。政府が紡績業を保護する免税案と同時に、その税収不足を補うための別の新税案を提出しているのは納得できない。紡績会社を優遇し、内地綿作人の活路を奪うのはまったく不当の処置だ」と。対して委員の小幡篤次郎は「紡績事業が発展するのであれば内地綿作人に多少損害が出たとしても国家経済のためにこの法案の成立が必要」と政府側に立った。

田中とて海外産綿花の方が生産性は高いことは百も承知だが、もちろん免税法案には納得しない。再反論のなかで田中の農業の専門家としての力量が発揮される。「安い外国産綿花に頼って国内綿作が衰退し、その後輸入の途が途絶えればどうするのか。日清戦争で得た台湾は綿花栽培に適当である。学理を応用すれば台湾は印度米国に匹敵する綿の産地となる。また、綿作の土地は他の作物への転作には不向きだ。綿作農業が衰退すればそれを生業とする農家はどうなるのだ」と訴え、「本案ノ廃棄ヲ希望スルモノナリ」と絶対反対の態度をとったが、彼の主張は通らず、特別委員会で可決された。ただ票の賛否は三対三の同

数で、委員長決裁で可決された際どいものであった。

委員会で票が真っ二つに割れたことに勇気づけられたか、田中は翌々日三月二六日の本議会同法案第一読会でも徹底抗戦する。登壇した彼は特別委員会での主張を繰り返し、また「号泣シテ居ル者（＝農家のこと）ヲ助ケタイト考ヘテ居リマス」などと情を絡めつつ、延々と法案廃棄を訴えた。彼の演説はあまりに長く「要点だけ述べろ」「言葉多くて品少なし」などのヤジが飛んだ。さらに演説が物産と貿易といった一般論にもなってしまったため「綿に関係ないじゃないか」とのヤジも浴びたが、「何が関係ないのですか！」と、日頃冷静な田中が憤激する場面もあった。結局田中の抗戦空しく、九三対六四で同法案は可決された。

しかし田中はまだ屈しない。わずか二日後の三月二八日、小笠原忠忱伯爵ら三〇名の賛同者を集め、自らは発議者となって「綿作業保護ノ建議案」を提出した。文言どおり国内綿作の保護奨励を政府に求める建議案である。

発議者として登壇し、「平安時代に日本へ伝えられた綿栽培は決して順調だったわけではなく三百年前にようやく定着した。これを絶やしてはならない」と先人の労苦を訴えた。そして、その説明のなかで「敷島のやまとにあらぬから人のうゑにし綿の種は絶えにき」との歌もあるではないか、と衣笠大臣の和歌まで引用している（注⑤）。江戸後期から幕末生まれの明治の高官は皆和学や漢学の素養を持っていた。よって、ここで田中の教養を特別称賛する必要はないけれども、やはり感興な発言であろうかと思う。

この議会での農業の議論が明治も令和の現在も本質をまったく変えることなく続いていることに、改めて思いを深くする。経済学的には田中の考えが全面的に正しいとは言い切れないだろう。また、田中は同じ第九回帝国議会で輸入羊毛海關税免除法律案には賛成しており、彼をかたくなな保護貿易論者と見るのは早計にすぎる。しかし、4節で述べたように議会ではおおよそ冷静かつ実務に徹することが多い田中が

国内綿作については粘り強く闘う姿勢を見せたことは特筆に値しよう。彼は農民の側に立ち続ける一方で、単なる同情論には終わらず、新領土台湾の活用策を提示したことは、彼の物産学・農学の専門家としての面目躍如といったところだろうか。

●6――虫捕御用の精神は死なず

『華族履歴』には明治一六（一八八三）年の元老院議官の田中の年俸は三千円と記されている。明治一〇年代中頃の東京の公立小学校の教員の月給が五円、大工の日当が五〇銭という時代である（森永『物価の文化史事典』）。幕府が崩壊してわずか一五年余りで、信州の田舎医師の三男坊はとてつもない高給取りに出世したのだ。

その一方でカネ使いが荒かった、と思われる逸話がある。現在の名和昆虫博物館（岐阜市）の名和哲夫館長からうかがった話だ。田中芳男の子孫を名乗る女性から、名和館長に「田中芳男は名和昆虫研究所に相当なカネをつぎ込み、身代を潰してしまったらしい。この件につき何かご存じのことはないか」との問い合わせの電話がかかってきたことがあるそうだ。

名和昆虫研究所とは、田中芳男の愛弟子である名和靖（一八五七―一九二六）（第九章）が設立した民間の昆虫学研究所だ（第九章参照）。田中が本当に身代を潰したかどうかはともかく、子孫に「田中はカネをじゃんじゃん他人に寄付してしまう、困った人」との話が伝わっているとの事実は面白い。篤志家と呼ばれる方に対してよく聞く話である。本人は信念に基づき私財をばら撒いたという手の話だ。田中も「少しは家にカネを入れろ」と家族から苦情を受けていたのだろうか？

田中芳男はこの名和昆虫研究所に私財を投じるだけでなく、帝国議会の場でも研究所への国の支援を強く訴えたことがある。時は第一四回帝国議会（明治三二年一一月二二日開会）の会期中の明治三三（一九〇

○）年二月一六日のこと。発議者井狩彌左衛門・早川周造、賛成者二条基弘他四九名によって建議された「名和昆蟲研究所國庫補助ニ關スル建議案」である。その内容は、名和昆虫研究所は害虫駆除の研究や標本の収集、全国各地での害虫学の講習等の優れた業績を上げているが、運営は私産に頼っている。よって国庫から三千円ほど補助すべきだ、というものだ。

発議者の一人・井狩は滋賀県の村会議員、県会議員を務めた地元の有力者。もう一人の早川は岐阜県出身で県内の銀行の頭取や取締役を歴任した銀行家で、二人ともに多額納税者議員である。建議案説明では早川が最初に登壇したが、名和と同郷であっても昆虫学の素養はないので、説明は一般論に終始した。その後演壇に登ったのが田中芳男である。田中は建議案の発議者ではなく賛成者の一人にすぎなかったが、理論面での中心人物であったと思われる。

田中は研究所設立者の名和靖が幼少時からいかに昆虫が好きだったことから説き起こす。次に「名和が民間にとどまって役所に出仕しないのは政府が悪いのか、本人が悪いのかは知らないけれど」と軽口も交えつつ、「日本の昆虫専門家といえば名和しかいない。実際、外国の博覧会に出展される日本の昆虫標本は常に名和の手にかかっている」と名和の能力を激賞する。そして、「本来なら農事試験場でやるべき害虫研究は経費も時間もかけられていないのが現状だ。一昨年日本全国の浮塵子（ウンカ）による被害は五百万円にも上った。名和昆虫研究所に予算を投じれば害虫駆除に対する国家への大きな貢献も見込まれる」とし、「満場一致御賛成アラムコトヲ希望致シマス」と締めくくった。五百万円との数字を出したのは、大きな害虫被害額と比較すると三千円なんぞしれているだろ、との言い分が行間に見え隠れする。田中提出のこの建議案に対しては渡邊洪基（帝国大学初代総長などを歴任）が「国庫から予算を出すということだから委員会に付託すべきではないか」と慎重意見を述べ、小笠原壽長子爵もまた渡邊に同調したが、委員付託の動議は否決、建議案は賛成起立者多数で採択された。

科学史の観点でいえば「名和昆蟲研究所國庫補助ニ關スル建議案」そのものの意義は明治二九（一八九六）年の博物館設立の建議と比較すると取るに足らないものだ。しかし、ここは筆者が虫屋であるこだわりで、田中の特筆すべき議員活動の一つとして挙げておいた。

田中が昆虫学に深い関心を持っていたことを示す活動は、「名和昆蟲研究所國庫補助ニ關スル建議案」だけではない。第一六回帝国議会（明治三四年一二月一〇日開会）会期中の同三五（一九〇二）年二月一二日、害蟲驅除豫防法中改正法律案第一読会が開かれた。害蟲驅除豫防法とは農地に害虫が発生したときの府県知事の害虫駆除の指導権限・義務を定めたもので、北海道、沖縄、その他の市制・町村制が施行されていない島嶼部は当初適用外とされていた。今回の改正法律案ではそれら地域をも含めた。また、当初「蟲以外ノ動物」でも農作物に被害を与えるものは農商務大臣の認可を経て法律適用とされていたものを「蟲以外ノ動物又は黴菌」と改正した。このように法律の改正は軽微なものであって、内容に大きな変更はない。

田中は政府委員の和田彦次郎（農商務省農務局長）に「カイガラムシの駆除について農商務省はどう考えているのか。カイガラムシは国内だけでなく、日本から輸出される苗木に着いて海外に侵入している。日本はカイガラムシの本家とまで海外学者に言われているぐらいだ。この法律で大丈夫か」と問い詰めた。法案からはやや脱線気味の指摘のようだが、田中には田中の信念があった。というのも、時を遡ること六年前の第九回帝国議会会期中の明治二九（一八九六）年三月六日、衆議院から送付されてきた害蟲驅除豫防法の第一読会で田中は「害虫研究は一つの事業としてしっかりとやらねばならぬのに、農事試験場が片手間にやっているのが現状だ。これでは覚束ない」と、国の害虫駆除研究の在り方に不満を表明していたのである。政府委員の和田は、田中の厳しい追及にこの法案改正ではカイガラムシの駆除は不十分であると認めざるをえず、別個研究し駆除試験をすることを約させられた。

このように、田中が帝国議会の場で農事試験場での害虫防除研究の現状に対する批判を繰り返し述べていることは注目に値しよう。さすがは昆虫学の祖、貴族院議員になった後も〝虫捕御用〟の精神を決して失ってはいなかったのである。

●7――我、政局には関与せず

田中芳男はうるさ型の議員であった。第二五回帝国議会（明治四一年一二月二五日開会）会期中の同四二（一九〇九）年三月二三日の本会議で、姫路市平民大森與三他四〇名提出の請願「姫路城保存ノ件」が審議された。しかし、田中は請願理由の「（姫路城は）名城ニシテ教育産業等ニ裨補スル所」との文言が気に入らず、「名城が教育産業に裨補するとはどういうことか。自分のような愚昧にはわからぬ」と文句をつけたのである。姫路城が世界文化遺産に指定されることを知っている後世の我々からすれば、「城が教育産業に役立つ」などというのは言葉の綾にすぎず、名城は大事に保存すべきだとしか思えないが、田中は言い回しが気に食わなかった。別に姫路城なんぞ無価値と考えていたのではあるまい。なお、そんな田中の文句は徳川家達議長に完全無視され、請願は無事採択されている。

そんな口うるささではあったが、政局には踏み込まなかった。貴族院は政治的に是々非々の立場が原則であり、常に内閣に従順であったわけではなく、時として牙をむいた。だが田中はどこ吹く風、その手の政争に一切加わらなかった。たとえば、第三回帝国議会（明治二五年五月六日開会）会期中の同年五月一一日。村田保議員を発議者とし、賛成者百三〇名による「水産業ノ保護ニ關スル建議案」が提出された。田中は勧誘されなかったせいか参加者に名を連ねていないが、「自分は賛成者に入っていないが、もちろん法案に賛成である」とわざわざ登壇して宣言する。筆者からすれば採決のときに賛成に票を投じればいいだけだろうに、と思ってしまうのだが、黙っていられないのが田中だ（注⑥）。しかし、その直後、

山川浩議員が品川弥二郎内務大臣による同年二月の衆議院選挙大干渉を非難する建議案を提出し、議場が政争を帯びてくると、田中は途端に口を閉ざしてしまうのである。

明治政府に登用された旧幕臣は決して少なくなく、薩長土肥に続く藩閥の一つとの見方も可能だ。しかし旧幕臣たちは敗者側であるがゆえに明治政府内の権力闘争には関与せず、各自が得意分野の才を発揮するスペシャリストに徹していた（門松『明治維新と幕臣』）。意識的かどうかは別にして、同じく旧幕臣の一人の田中もまたその矩を超えず、技術屋としての本分を守っていたのである（注⑦）。

●8――勅選貴族院議員の使命を全う

田中が拝命した勅選貴族院議員は、官僚や県知事を長く務めた者から多く選ばれた。彼らは行政経験が豊富であるがゆえに、予算や法案の官庁事項に精通しており、議院内の議論の中心的な役割を担うことを期待された議員である（内藤『貴族院』）。筆者は田中芳男の四半世紀に及ぶ議員生活を眺めた。演壇で派手に理想論を語ることなく、コツコツと法案の文言修正に終始し、議会制度を作り上げた明治政府の期待に十二分に答えたと言えよう。

本議会、特別委員会で活発に、時には煙たがられながらも、さかんに発言していた田中芳男であったが、第二八回帝国議会（明治四四年一二月二七日開会）以降、本議会での彼の発言は記録されなくなる。その前の第二七回議会では何回も登壇や演説をしているのに、なぜ急に口をつぐんでしまったのか。

一つには単純に健康問題が考えられる。第二八回議会で田中は請願委員会に選出された。請願委員会の第三分科（司法省、農商務省）に所属、さらに委員の互選によって第三分科会の主査に選ばれている。しかし、明治四五（一九一二）年二月二〇日の第三回目の会議は病欠し、東城坊徳長子爵が主査代理として議事を仕切った。同二月一三日の第二回目会議は無事主査を務めているので、これ以降体調を崩したとい

うことになる。そして、この議会中、田中は請願委員会に復帰しなかった。

第三〇回帝国議会（大正元年一二月二七日開会）では決算委員会に選出され、また委員会内の第四分科（文部省、農商務省、逓信省）所属となった。しかし決算委員会の全体会議二回と第四分科の四回、計六回の会議はいずれも欠席した。その後、田中最後の議会となる第三七回帝国議会（大正四年一二月一日開会）まで、彼は常任委員会と特別委員会のいずれの委員にも就任することはなかった。

現在の参議院には旧貴族院議員の議会全日程の日別個人出欠表などは残っておらず、明治末年から死去までどの程度議会に出席していたかは定かでない。はっきりしているのは、第三一回帝国議会（大正二年一二月二六日開会）会期中の同三（一九一四）年二月一四日の議長報告「田中芳男請暇（≒病欠届）ノ件」で、「田中君病氣ニ付三三日間ノ請暇デアリマス」と徳川議長が全議員に許可を求め了承された、との記録があるだけである。この年の二月、田中は台湾出張を命じられ神戸より出航するが、流行感冒により門司から帰京した。予定の出張が中止となったので、急遽議会に病欠を願い出たと思われる。このほか、上記の事実と田中の年譜『田中芳男十話　田中芳男経歴談』を突き合わせると、明治末から病気がちだった、とまとめることができよう。

しかし、最晩年にあたる大正前期、彼は寝たきりだったわけではない。この時期も日本朝鮮狭しと各地を巡っていた。たとえば、台湾出張を中止して医師に付き添われて帰京したのは大正三（一九一四）年三月初旬であるが、翌月の四月三日には神経痛に悩まされながらも、徳島県徳島公園内千秋閣で開かれた大日本山林会総会に出席し、総裁伏見宮貞愛親王の令旨を奉読した（同年四月四日付東京朝日新聞）。田中が大正時代以降帝国議会をすべて病欠していたとは思えない。実際、第三六回帝国議会（大正四年五月二〇日開会）会期中、議会の場で同じ勅選議員の辻新次男爵と会っていた（「花房義質関係文書」）。では、なぜ彼は議会の場で登壇するのを止めてしまったのか。

大正四（一九一五）年五月二六日、田中は友人の花房義質子爵に「議場にて人の言葉も能く聞けす眼鏡ふくては骨同様」、つまり耳が遠くなった、腕が痩せ細ったと弱音を吐いている（「花房義質関係文書」）（注⑧）。時代が大正に移り、齢も七〇歳後半に突入し、さしもの田中も衰えを隠せなくなったのだ。明治末年以降何回か床に臥せたことに加え、耳が遠くなったことで、議場での発言を差し控えるようになったようだ。

明治時代の終焉とともに、田中芳男もまた己の議員活動に事実上の終止符を打ったのである。

第八章　志半ばに斃れた蝶類学者――仁禮景雄

華族イコール貴族と考えると、華族学者は何となく皆お金持ちのように思える。無論、学者と呼ばれる時点で、その人は決して貧乏ではない。よほど特殊な人を除き、明日の食事の心配する人が、何らかの学術研究に没頭できるはずもない。ただし、華族学者の皆が皆、黒田長禮や蜂須賀正氏のように大金持ちであったわけではない。中川久知や高千穂宣麿は、生活に困窮はしていなかったが、その生涯は豪遊にはほど遠いものである。

仁禮子爵家に生まれた蝶類学者仁禮景雄（一八八五―一九二六）も決して金持ちではない、在野の華族学者の一人である。一九八九年から一九九〇年にかけて『科学朝日』で「殿様生物学の系譜」というシリーズが連載されたとき、最後の回を担当した柏原精一氏は、仁禮を「恵まれた境遇あってのこと」「華族の子弟の研究者として古き良き時代を生きた」と評した。生涯の大半を兄や義兄の世話になりながらも、チョウの研究に没頭できた仁禮景雄はたしかに貧乏人ではない。とはいえ、仁禮景雄を大金持ちのボンボンとみなすのも妥当ではない。なぜなら実家の仁禮家は船橋の塩田経営、ついで北海道十勝の農場経営に失敗していたからである（浜野「勲功華族の農場経営とその継承」、井奥「勲功華族仁禮景範家の塩田経営」）。もちろん、カネに困るといっても庶民のそれとはまた別次元の話ではあるが、景雄が仁禮子爵家の財力を背景に何でも好き放題できた、とするのは的を射ていないだろう。

図8-1　仁禮景雄コレクション（九州大学農学部昆虫学教室所蔵）

生涯のほとんどの期間を公職に就かず、帝国議会とは無縁の仁禮をここで取り上げるのは、本書の「貴族院における華族動物学者」とのメインテーマから外れる。しかし、決して金持ちではない華族学者の実態を知らしめ、華族イコール金持ちとの世間の誤解を解くために、あえて仁禮景雄で章立てしても無意味ではあるまい。

ヤエヤマウラナミジャノメの記載者の仁禮は日本の蝶類学に足跡を残した。台湾や朝鮮のチョウも彼の研究対象となった。最大の業績は大正五（一九一六）年から同八年にかけて『動物學雑誌』に発表した日本産蝶類目録を編纂したことにあろう。チョウやカミキリムシが日本に何種いるか？　これは一見簡単な問いのように思えるが、大正時代、その問いへの回答は簡単ではなかった。この令和三（二〇二一）年の時点でも、「日本に昆虫は全部で何種類いるか？」との疑問には誰も簡潔に答えられない、と明言しておこう。なぜなら、日本産昆虫目録は今なお編纂中だからである（注①）。

現在、仁禮が収集した日本・朝鮮・台湾産チョウ類標本は「仁禮コレクション」と呼ばれ、九州大学農学部昆虫学教室に保管されている。筆者は二〇一五年、九州大学を訪問し、仁禮コレクションを調査した（図8-1）。仁禮が残したチョウ類標本のラベルから、彼の足跡を辿るのが目的である。たとえば、仁禮コレクションのモンシロチョウに「Meguro, 10. vii. 1911」とのラベルが付いていれば、仁禮は明治四四（一九一一）年七月は東京にいた、と推定できるのである（注②）。

戦後の最大の蝶類学者である白水隆が編集した『日本産蝶類文献目録』によると、仁禮のチョウに関す

る処女論文は明治四二（一九〇九）年で、逆に最後の論文は大正一〇（一九二一）年発表である。となると、学者生命は足掛け一二年にすぎない。我々虫屋の業界では半世紀以上も現役研究者の先達も珍しくないことを考えると、一二年との歳月は決して長いものではない。しかし、その短い学者生命と比すると、仁禮がなしえた研究業績は大きかった、との結論になる。以下、仁禮景雄の波乱に満ちた生涯について語ることにしよう。本章は拙文「蝶類學者仁禮景雄先生小傳」「謎の蝶類学者仁禮景雄」「補遺　蝶類學者仁禮景雄先生」をまとめ直したものである。三編の論文のうち、仁禮の最も詳細な伝記は一番目の「蝶類學者仁禮景雄先生小傳」（二〇一五年）である。興味のある方はご参照いただきたい。

●1――海軍兵学校退校まで

仁禮景雄は明治一八（一八八五）年一〇月一〇日生まれ。父は仁禮景範である。よく知られているように、景範は薩摩藩出身の海軍中将で、参謀本部海軍部長、横須賀鎮守府長官、海軍大臣などを歴任した明治海軍建設の功労者である（福川『日本陸海軍人名辞典』）。その功でもって明治一七（一八八四）年に子爵の爵位を授けられた。未公刊の『華族履歴』のほか、公立図書館等で閲覧できる華族家系図『華族譜要』や『昭和新修旧華族家系大成　下巻』では、景雄は景範の三男とされている。『白水隆アルバム』もそれに従っているが、正しくは末っ子の四男であるらしい（（財）齋藤子爵記念会編『子爵斎藤実伝』）。仁禮景範の本当の三男は明治一一（一八七八）年生まれの景明であるが、諸史料に登場せずどうやら早逝したと考えられている。余談ながら、景範の長男で海軍少佐だった景一は日露戦争で戦死しており、仁禮四兄弟で長生きしたのは次男の景助だけである（といっても五〇代前半で死去している）。景範には四兄弟以外に斎藤実に嫁いだ春子という一人娘がいる。斎藤実・春子夫妻と景雄との関係については後述することとしよう。

調べたかぎりでは幼少時代の仁禮景雄を語った文章を知らない。明治三三（一九〇〇）年一一月、一五歳になったばかりの景雄は父景範を失った。次いで景雄は明治三七（一九〇四）年一一月一八日、海軍兵学校に入校した（第三五期）。入学時の成績は一八三人中一三五位である（海軍兵学校編『海軍兵学校沿革』）。当時、日清戦争後の軍拡により海軍兵学校は生徒の採用数を増やしていた。つまり、比較的合格しやすい条件下であったにもかかわらず下位の合格順位だったわけで、特別成績優秀とは言いがたいだろう。

仁禮景雄が海軍兵学校へ入校する約半年前の五月一五日、海軍少佐の長兄の景一が日露戦役・旅順港閉塞作戦で戦死した。次兄の景助が兄の養子となる形で子爵を襲爵し仁禮家を継いだが、景助は宮城農学校を経て農業畑を歩んでいたので海軍軍人ではない。つまり、戦死は覚悟のうえの出征とはいえ、長兄の突然の死により海軍中将だった父景範の後継者としての責任が急に景雄に降ってきた形である。景雄の心情は本人のみぞ知るところであるが、本来なら御気楽四男坊で過ごせたはずなのに、突然圧しかかってきたプレッシャーはさぞかし大きかったものと推測される。

さて、海軍兵学校に入校した仁禮であるが、残念ながら健康に恵まれなかった。明治四〇（一九〇七）年一月一五日付で、同年一月六日起算の仁禮の転地療養延期願が認許されている（「斎藤実関係文書」）。転地療養延期願、現代風にいえば病気による休学延長願が受理されたのだが、これは延長願なので実際の病気休学の開始時期は同年一月よりも遡るということになる。結局、健康は回復しなかったらしく同明治四〇年三月一六日付で海軍兵学校を退校した。明治四〇年の段階で第三学年のはずであるが、退校時の記録では第二学年と記されている。病気療養による留年があったのであろうか。

●2——明治四二年北海道における足跡

図8-2は、筆者が仁禮景雄の孫にあたる松田紀久子氏に提供を受けた景雄の写真である（拙文「補遺

蝶類學者仁禮景雄先生」）。生涯病弱だったとの先入観があるせいか、線が細く見える。景雄が父同様の海軍軍人として颯爽と軍艦に乗り込む姿はどうも想像しにくい。

仁禮景雄は、海軍兵学校退校二年後の明治四二（一九〇九）年の七月下旬から九月中旬まで、北海道十勝国河東郡音更村に滞在した、と論文中で書いている（『動物學雑誌』二一巻二五四号）。これを健康が回復しチョウ類研究のための旅行とみなすか、未だ体が本調子ではなく、酷暑の季節は涼しい北海道で静養していたからとみなすか、どちらの解釈も可能なところだ。

さて、仁禮が音更村を滞在先に選んだのは、「十勝にはチョウがたくさん生息していそうだから」との類いの生物学的理由ではない。実は、音更村には仁禮家の農場があり、宮城農学校で学んだ次兄の景助がこの農場経営にあたっていた。明治末当時の農場経営は順調であったらしく、景雄は次兄のところに約二か月間身を寄せていたと考えて相違ない。父と長兄が亡き今、景雄が頼りとしたのは景助であったことは想像にかたくない。何はともあれ、仁禮コレクションに残る北海道音更村周辺で捕られたチョウ類標本の大半は仁禮自身の採集品として差支えないと思われる。以下、それらの標本のデータラベルから仁禮の北海道における足跡を辿ることとしよう。

図8-2　仁禮景雄（撮影年代不明）

明治四二（一九〇九）年の音更村産標本を見ると、七月三〇日採集のクジャクチョウとヒオドシチョウの標本が確認できた。一方、同年で最も遅い音更村産標本としては九月一七日付のシータテハがあり、上述の「七月下旬から九月中旬まで音更村に滞在」との処女論文中の記述が、標本ラベルからも裏付けされた。

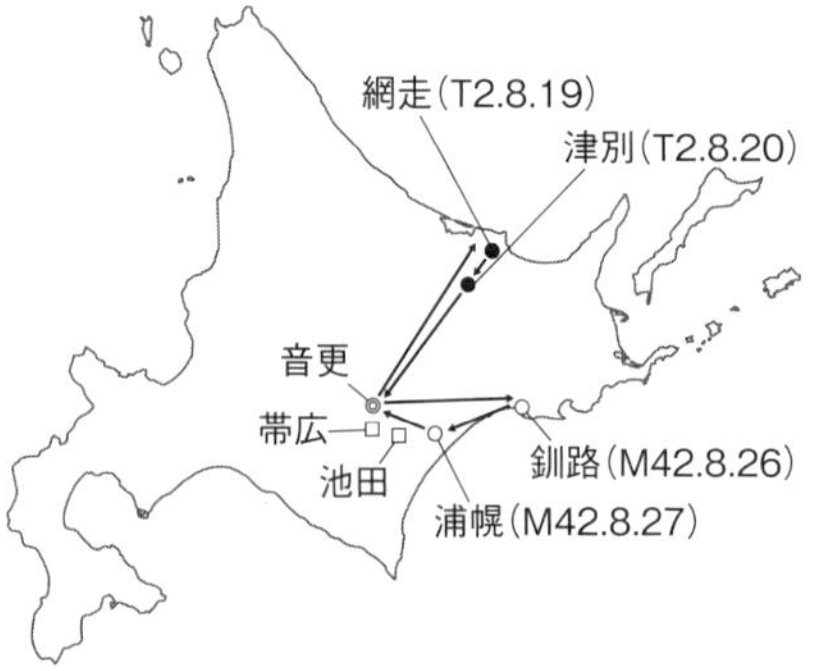

図8-3　仁禮景雄の北海道でのチョウ類調査の足跡（推定）
M：明治。T：大正。○と●は明治42年と大正2年夏にそれぞれ仁禮が訪れたと思わる地名。□は本文中に出てきた地名。

仁禮は七月末から八月二三日まで音更村をフィールドとして、コムラサキ、ウラギンスジヒョウモン、ウラジャノメ、ジャノメチョウなどを採集した。そして、釧路の八月二六日付ジャノメチョウ（二頭）、浦幌の同月二七日付オオウラギンスジヒョウモンとウラギンスジヒョウモン（一頭ずつ）、そして音更村の同月三〇日付サカハチチョウ（三頭）の標本があることから、明治四二（一九〇九）年八月下旬に、釧路方面へ約数日から一週間の採集旅行を決行したと考えられる（図8-3）。明治三八（一九〇五）年一〇月に音更村のすぐ南に位置する帯広と釧路を結ぶ鉄道釧路線が開通しており（北海道庁編『新撰北海道史』）、鉄道の旅を楽しんだようだ。

明治四二（一九〇九）年の冬には同年夏の十勝でのアカマダラの観察結果を『動物學雑誌』に発表した。白水隆編集の『日本産蝶類文献目録』に従うなら、これが仁禮の処女論文である。

●3——アルゼンチンを経由して英国へ

明治四三（一九一〇）年三月一一日、仁禮は雑誌『海軍』通信記者として七か月間の南米経由・英国渡航願が認許され、三月一五日に日本を出航した（『華族履歴』）。二本目の研究業績発表は大正五年である。処女論文が発表された明治四二年から、次の論文まで年数が大きく開くのは、洋行を挟んでいることも原

因の一つであろう。

『海軍』とはいかなる雑誌か。創刊号「発刊の辞」には「海軍国の国民たる智識の普及涵養を力め、一般社会をして海事に関する思想感情を深からしめんとするにあり」と雑誌創刊の目的が書かれている。仁禮が『海軍』記者として採用された経緯は判然としないが、海軍兵学校に在籍経験があり、語学ができることに加え、亡き父と義兄斎藤実が有力海軍軍人であったことが有利に働いたことは間違いあるまい。記者としての仕事は巡洋艦生駒に乗り込み、その航海の取材記事を書くことにあった。軍艦生駒は西回り航路を採り、シンガポール、インド洋モーリシャス島、アフリカ喜望峰を経てアルゼンチン共和国独立百年祭に参列、後に英国へ向かい日英博覧会に列席することになっていた。

三月一五日横須賀出航の日、瓜生外吉横須賀鎮守府司令長官や伊集院五郎軍令部長らとともに、義兄の斎藤実海軍大臣も見送りのため生駒に乗艦し、約一時間後に退艦した。このとき、仁禮が義兄と身内話をしたかどうかは定かではない。軍艦生駒は三月二五日シンガポール、四月一〇日モーリシャス島と順調に航海を続けた。

アルゼンチンに到着するまで仁禮は二本の原稿を『海軍』編集部を送り、それが記事となっている。軍艦内の階段が油まみれで、下りるときに滑って慌てて摑んだ通路の欄がものすごく熱かった等の失敗談。また、艦内で開催された赤道祭の様子などが書かれている。もっとも、これらの記事からは蝶類学者仁禮景雄ならではの観察眼を見出すことはできない。

仁禮が乗った生駒がアルゼンチンに到着したのは明治四三（一九一〇）年五月一五日。生駒が碇泊したのはバイアブランカである。『海軍』に寄せた仁禮の記事によると、首都ブエノスアイレスに直行しなかったのは、軍艦生駒の喫水が深いため、ラプラタ川を遡ることが難しかったからである。もっとも、義兄斎藤実に書き送った書簡では、生駒が実際に碇泊したのは仁禮がポルト・ミリタールと呼んだ場所から三

里半離れた位置で、さらにポルト・ミリタールからバイアブランカの市街地までは汽車で四五分程度かかる程度の距離にあったらしい（「斎藤実関係文書」）。仁禮はここで米国艦隊五隻を目撃している。翌一六日にはバイアブランカの町で遊び、「当地は野原が多く、牛、馬、羊などの牧畜が自然にできるようだ」と観測している。また、バイアブランカで珈琲店の給仕人の二名の日本人に会う。仁禮はその二人の名を記していないが、一人は鹿児島人だったとわざわざ義兄に書き送っている。自分も薩摩藩士だった父景範と同じく、鹿児島人であるとの自覚があったがゆえの感慨であろうか。同じく生駒乗船組の地理学者の志賀重昂もこの二名の日本人に会っていた。志賀も彼らの名を書き残していないが、二人が鹿児島人と熊本人であったとだけ記している（志賀「世界山水図説」）。

仁禮は五月一八日夜一八時一五分、ポルト・ミリタール発の夜行汽車に乗り、首都ブエノスアイレスに着いたのが同月一九日午前九時である。同月二一日観艦式が行われ、アルゼンチン海軍の軍艦一六隻と水雷艇一二隻、外国海軍はアメリカ、ドイツ、フランス、オーストリア、ウルグアイなど一〇か国の軍艦が参列した。当日の式典の詳細を記事にしているが、ここでは関係がないので細々とした記述は省略しよう。

むしろ面白いのは、義兄斎藤実に書き送った書簡の内容である。それによると、アルゼンチン滞在中に仁禮が悩まされたのは第一に言語だった。日本海軍は英国海軍を模範としていたので、海軍兵学校時代に英語を叩きこまれていた。しかし、アルゼンチンでは得意の英語がほとんど通じず、やむなくスペイン語会話の参考書を購入した。当たり前だが、一朝一夕でスペイン語をマスターできるはずもなく、不便さは容易に解消しなかったようだ。次に困ったのは物価の高さである。同じく生駒乗船組で、ブエノスアイレスに来ていた下斗米秀三東北帝国大学助教授と津久井利行衆議院書記官との三人でホテルの一室を借りることで金を節約した。宿泊代金は一泊食事付きで二八ドルだったとのこと。

当時、下斗米は東北帝国大学農科大学で地質学を担当していた（湊「北大における地質学と北海道」）。の

ち、物理学者の田中館愛橘の養子になったので田中館秀三の名前の方が通っているだろう。秀三は後に国際火山学会の副会長も務めた火山学の権威である。秀三の甥にあたる石川俊夫北海道大学名誉教授が作成した年譜によれば、明治四三（一九一〇）年二月、秀三は地理学と海洋学研究のため文部省より三か年の独英留学を命ぜられた（田中館秀三業績刊行会『田中館秀三　業績と追憶』）。そして、生駒に乗って到着したアルゼンチンで、汎アメリカ会議に出席したという。仁禮と田中館の両名が、帰国以降に何らかの交流を持ったかについては定かでない。

　仁禮はブエノスアイレスで動物園を見学した。「其の広大なる事到底上野動物園などの遠く及ばざる所」との感想を抱いている。このほかブエノスアイレスでは多々観光を楽しんだ。

　軍艦生駒がアルゼンチンを出航したのは六月五日である。その後、ブラジル・リオデジャネイロを経由して大西洋を横断、英国に向かう予定となっていた。七月一〇日にビスケー湾に到達。この地で仁禮が「アルゼンチン滞在期間が短かったために、通信が疎慢になっているのは遺憾の至り」と書いたように、彼の航海記はたしかに途切れ途切れである。ブラジルや大西洋でいかなるものを見聞したかについては記すところがない。

　仁禮や下斗米秀三、津久井利行、志賀重昂ら一三名は七月一二日、英国グレートブリテン島コーンワル半島のファルマスで下船した。英国のプリマスから荘司義基・生駒艦長が斎藤実海軍大臣にあてた八月一四日付報告書によると、仁禮と志賀の二人は生駒を下りる際に、イタリアで生駒に乗船して帰国する希望を申し出ていた（「便乗（2）」）。志賀は英国からフランス、ポーランド、ドイツ、スウェーデン、ベルギー等を経由してイタリアに達した（後藤『志賀重昂先生』）。そして、九月一日付報告で、荘司艦長は仁禮と志賀の二人がナポリで乗船した旨を記した。二人が軍艦生駒と合流した日の特定はできないが、艦長の報告日から八月後半から末あたりと推定される。

仁禮と志賀は同じ港で降りて同じ港で生駒に再乗船したのだから、彼らは全部ないしは一部の行程をともにしていた可能性もある。しかし、志賀による生駒に乗り組んだときの大航海記録『世界山水図説』に仁禮は登場しない。したがって、残念ながら仁禮の英国での下船後からイタリアまでの足取りは判然としない。余談ではあるが、仁禮は下斗米秀三と志賀重昂との大物地学者と地理学者と長い航海をともにしたわけだが、帰国後の経歴に彼らとの交際が生かされた形跡は見られない。

　九月一一日、仁禮や志賀らを乗せた軍艦生駒はスエズ運河を通過し、同日午後三時にスエズに碇泊した。仁禮は荘司艦長、淡輪大主計とともに汽車でカイロに向かった。線路は砂地に敷設されており、汽車の速度が上がると大量の砂を巻き上がった。そのため、車窓を閉め切らざるをえず、仁禮は車内の暑さに苦しんだ。カイロには深夜一一時に着いた。翌一二日はカイロ市内を観光、さらに一三日は生駒の木村・宇治川両少佐と合流し、荘司艦長、淡輪大主計と合わせ計五名でピラミッドを見学した。電車を降りた後は、案内のアラビア人とラクダとロバを雇った。このエジプト滞在記でもって、仁禮の雑誌『海軍』の紀行文連載は完結となった。仁禮が日本に帰国したのは当初の予定どおり約七か月後の明治四三（一九一〇）年一〇月二九日である。

●4――帰国後の療養生活と結婚

　子孫に伝わったところによると、仁禮は明治四三（一九一〇）年の海外渡航で外国のチョウ類標本を持ち帰ったが、それと同時に厄介な代物も抱え込むことになった（拙文「補遺　蝶類學者仁禮景雄先生」）。渡航中に結核性のカリエスに罹ったらしく、帰国後は療養を余儀なくされたという。九州大学に残る仁禮景雄コレクションには、明治四四（一九一一）年四月から八月に捕らえられた東京産チョウ標本が多数残るが、半年間の療養で何とか小康を取り戻した仁禮が家の近所で網を振るった、との推測も成り立つところ

だ。

仁禮の結婚は奇しくもこの療養生活と関係がある。仁禮家では五人ほどの女中が雇われており、そのうちの一人が看護婦として景雄の看病にあたることになった。そして、その女性こそが静岡の御殿場の農家出身で、景雄の妻となるいよである。野暮な言い方をすれば、いよは看病の過程で仁禮に見初められた。

大正五年頃、景雄といよの間に長女の露子が生まれたが、この時点で景雄は分家しておらず、したがって仁禮子爵家の華族の一員である。高貴なる身分が災いしてか、二人の入籍は認められず、露子は里子に出されてしまったとのこと。しかし、大正九（一九二〇）年になって、長男の一が生まれたので、「長男が生まれたのならやむなし」と二人の婚姻が認められた。時代が違うといってしまえばそれまでだが、「女の子の次に後継ぎの男の子が生まれたから、二人の関係を認めましょう」との発想は、現代人からすればモヤモヤする話ではある。なお、仁禮一が生まれた前後の仁禮家の事情を知るべく、景雄の義兄である斎藤実の日記（国立国会図書館憲政資料室所蔵）を調べたが、とくに手掛かりは得られなかった。この『斎藤実日記』には斎藤の会談相手として時折「景雄」の名前が出てくるものの、何を協議したかまでは記されていないので、あまり参考にならない。

さて、いよは景雄の妻として認められたが、めでたしめでたし、とはならなかった。いよは故義父の景範の妻である仁禮壽賀子との関係に苦しんだ。ざっくばらんにいえば嫁姑問題である。そもそも海軍中将の正妻で、夫・景範死後の仁禮家を取り仕切る壽賀子と、四男の妻で静岡の農家生まれのいよとでは、仁禮家における立場が違いすぎる。さらに、東京青山霊園にある墓石に刻まれた数字によると、壽賀子は昭和四（一九二九）年まで存命だった。つまり、姑が長生きした分、嫁のいよの苦悩も長かったはずである。いよは子供を背負って線路に飛び込もうと思い詰めたこともあったらしい。

では、妻が自殺を考えるほど姑との関係に苦悩するなか、景雄は一体何をしていたのか？　母と妻の間

に挟まれてオロオロしていたのか、それとも明治の男らしく「嫁ならそれぐらい自分で何とかしろ！」といよを突き放したのか。実はこれがさっぱりわからない。というのも、いよは自分の孫に「祖父は蝶の学者だった」程度のことしか語り残していないからだ。また、景雄の遺族に伝わる話によれば、平成一九（二〇〇七）年まで存命だった長男の一にしても、幼少時に父の景雄を亡くしているうえに、肺の病気を持っていた父には生前あまり近づかせてもらえなかった可能性があるとのことだ。そんなこんなが重なったからか、家庭における景雄のことは子孫にまったく伝わっていない。松田紀久子氏は御健在の御母堂の道子（仁禮一の妻）と「何で家庭における景雄の逸話が残っていないのだろう」と不思議がっておられるそうだが、わからないものはわからない。もっとも、決して長かったとはいえない婚姻生活であるうえに、かつ明治生まれのいよが子や孫に夫のことをあまりしゃべらなかったとしても不思議な話ではないのか。

●5――大正二年、再び北の大地に

やや時を進めすぎた。明治四三（一九一〇）年一〇月末の帰国後、療養を余儀なくされた仁禮景雄は満足に働くことができなかった。明治四四（一九一一）年一月発行の雑誌『海軍』に載った「海軍編輯局書報社営業部」一同のなかに仁禮の名を見出すことができる（注、書報社は『海軍』の出版元）。しかし、その後仁禮がいつまで『海軍』に在籍したかは不明だが、そう時を置かずして辞職したものと思われる。

大正元（一九一二）年頃、仁禮は芝区高輪南町（現在のJR品川駅付近）の次兄の景助宅に住んでいた（『日本紳士録第一七版』）。仁禮景助が経営悪化により北海道十勝音更村の農場を手放したのは大正六（一九一七）年より少し前と推定されるので、大正初めに景雄が次兄景助とどこまでともに暮らしていたかはわからない。北海道にいる影助の留守番をしていた可能性もある。

大正二（一九一三）年、仁禮が次兄の景助の元へ遊びに行き、再び音更村に滞在した形跡がチョウ類標

本から見出せる。この年は遅くとも八月三日には音更村に到着し、一三日まで同地でチョウを採集、スジグロシロチョウやフタスジチョウ、オオヒカゲなどを捕った。また、盆明けから数日間ほど網走方面へ遠征した（図8-3）。同月一九日、網走でエルタテハ、クロヒカゲ、ヒメキマダラヒカゲ、ヒオドシチョウ、翌二〇日には津別でエルタテハとスジグロシロチョウを捕っている。

仁禮が網走に出向いた前年の大正元（一九一二）年一〇月、帯広の東に位置する池田と網走を結ぶ鉄道網走線が完成していた。北海道の鉄道の路線延伸に伴って、仁禮もまた行動範囲を広げられたものと考えられる。

●6――台湾とのつながり

北海道から東京へ戻った大正三年、四年の仁禮景雄の動向はさっぱりわからない。つぎに、大正五（一九一六）年一〇月、仁禮は前掲の日本産蝶類目録の一本目を『動物學雑誌』に発表した。大正八（一九一九）年まで長期にわたって分割掲載された一大目録である。目録を編集するにあたり、東京帝大農科大学と同理科大学、また東北帝国大学農科大学の図書と標本を調査したので、この頃両大学研究室への訪問を繰り返していたのであろう。

『華族履歴』によると、仁禮は大正六（一九一七）年一月一五日分家願が認許され、同月三〇日除籍となった。仁禮子爵家から分家して華族ではなくなった、ということである。分家してから約四か月後の五月一九日、東京帝国大学第二学生集会所で開催された東京昆虫学会第三回例会に出席した。以上、欧州より帰国後の明治四三（一九一〇）年からこの大正中頃までの足取りは、本章で述べた程度のことしか判明していない。

大正中頃の仁禮の経歴を示すもう一つの史料がある。それは仁禮が川崎造船所の社員だったというもの

だ。実は、大正七（一九一八）年七月付のある文書中に「株式会社川崎造船所東京出張所　仁禮景雄」との名刺が残っている（「川崎造船所ノ諸機械類附属品輸入方ニ関スル件及『モリソンスフワーネス』同上」）。もちろん、同姓同名の別人の可能性もあるが、以下の理由から名刺の持ち主が蝶類学者・仁禮景雄である確率は高いと思われる。

　川崎造船所の創建者の川崎正蔵は薩摩藩出身だが、大正七（一九一八）年当時の社長は松方幸次郎で、これまた薩摩出身の松方正義元老の三男である（野依「財界の英雄松方幸次郎と私」）。また、業種上、川崎造船所が海軍と関係が深いのは当然であるが、明治から大正前半の日本海軍は〝薩摩海軍〟と呼ばれるほど、薩摩藩出身者が突出して要職を占めていた。景雄の父の仁禮景範もまた薩摩海軍閥の主要軍人の一人である。大正元（一九一二）年に海軍大将になっていた義兄の斎藤実は岩手県出身であるが、景範の娘を妻にしている関係上、薩摩閥に繋がっている。つまり、景雄が川崎造船所に縁故入社できる環境はあまりにも整いすぎているのだ。

　明治一九（一八八六）年に国営の兵庫造船所を川崎正蔵に委ねられたことに端を発する川崎造船所は、神戸市に本社があり、さらに東京に出張所があった。仁禮はこの東京出張所に勤務していたと推察される。明治末には仁禮が雑誌『海軍』の記者であったことも考えると、彼はたしかに華族ではあるが、子爵家の血筋というよりは、有力海軍軍人の家系である特権を生かして世を渡っていたと表現したほうがよいだろう。

　あくまでも仁禮景雄が川崎造船所社員であったことが大前提であるが、以下の一つの仮説を提示できる。仁禮景雄の名刺が収められていた前掲の川崎造船所の文書は、商品の輸入代行を鈴木商店が受注したことを示している。鈴木商店は台湾の樟脳や砂糖の貿易で財をなした財閥で、台湾に地盤を置いていた。ま

た、鈴木商店は大正四（一九一五）年に播磨造船所を買収するなど、大正前半以降、造船業界にも進出しようとしていた。よって、川崎造船所とのコネクションを形成するため、鈴木商店は同社社員で、かつ薩摩海軍閥重鎮の子息である仁禮景雄の台湾産チョウ類研究を支援したのではないか。

ここで仁禮が研究した台湾産チョウ類の標本の採集者である朝倉喜代松に着目したい。仁禮が命名したチョウのアサクラミスジのほか、鳥のアサクラサンショウクイなどにも名を残す朝倉喜代松なる人物の素性は、いま一つはっきりしない。諸文献からわかるところを総合すると、朝倉は台湾の埔里社に活動拠点を設けていた剝製師兼採集人、また昆虫標本加工業などを営んでいた、いわばプロの標本商である。また、仁禮の大正九（一九二〇）年の論文中で「同氏は（＝朝倉喜代松）十数年来斯業（＝標本商）に従事」とあるので（『昆蟲世界』二五巻二八四号）、朝倉が台湾埔里社で標本商を起業したのは明治末頃と推察される。鳥類学者の黒田長禮侯爵（旧福岡藩主家）も朝倉からまとまった個体数の鳥標本を入手していた（黒田「台湾産花鳥類に就て」）。西園寺公望の甥で貴族院議員を務めた高千穂宣麿男爵も朝倉からチョウの標本や民俗資料を購入していた（高千穂『蔦嶺仙話』）。このように、朝倉は華族界に広く顧客を持っていたことがわかる。

東京帝国大学理学部の学生だった江崎悌三（のち九大教授）は大正一〇（一九二一）年に台湾で調査を行い、朝倉喜代松が経営する会社に関する見聞を書き残している（江崎「台湾紀行」）。それによると、朝倉が地盤とする埔里社はもともとチョウの産地として知られていた。そして朝倉が集めたチョウの大半は加工されて、工芸品原料として内地に送られていた。学術用標本として取引されたチョウは多くはなかったらしい。これら数少ない学術用チョウ類標本は仁禮のほか、中原和郎なども論文に使用しており、複数の昆虫学者の手に渡っていた。

それにしても朝倉は大正九（一九二〇）年には台湾で買い上げたチョウ七〇万頭、翌一〇年は財界不況のため減じたとはいえ、三〇万頭を自分の特産会社で扱ったというから、直接間接は別にして凄まじい数のチョウが朝倉によって捕られていたことになる。朝倉は地元の台湾人から一頭一銭ないしは二銭程度でチョウを買い上げていたが、それらを加工・販売することによってかなりの額を稼いでいたと思われる。

仁禮と同じく華族昆虫学者の高千穂宣麿は「標本屋の朝倉喜代松から台湾の蝶の標本のほか、蕃人の弓や舟等も送らせたことがある。しかし、彼はなかなかチャッカリした男で、電報で金を送らぬと他へ廻す等と言ってきた」と回想談を残している（高千穂『鶯嶺仙話』）。このことからも朝倉がカネにうるさかったことが推察される。つまり、朝倉喜代松は動物学に関心と造詣があったに違いないが、「学術研究のために」と仁禮にただでチョウ類標本を提供したはずがないということだ。

現在、九州大学の残る仁禮景雄コレクションのうち、台湾産チョウ類は約五〇〇〇頭である。仁禮が己の論文で使用した台湾産チョウ類の標本のほとんどは、朝倉喜代松の手を経て入手したものだ。仁禮自身が台湾の地を踏んでチョウを捕ったとの証拠は、少なくとも彼のコレクションからは見つけられない。はたして仁禮が台湾のチョウ類の購入にどの程度の大枚をはたいたのか、今となっては見当もつかない。

大正期に既存の台湾の製糖業各社を傘下に置くことを目論んでいた鈴木商店は、松方五郎（松方正義五男）や松方正熊（同八男）などを各社の役員に擁立していた（斎藤「台湾における鈴木商店の製糖事業について」）。また、結果的に挫折したとはいえ、鈴木商店は明治末、つまり朝倉喜代松が標本商を始めた時期に埔里社製糖株式会社の買収を計画したこともあり、朝倉が根拠地にしていた埔里社と鈴木商店が無縁だったわけではない。

朝倉からのチョウ類の購入代金が比較的安価であったのなら、仁禮は何とか自分で捻り出したか、親族にたかったのかもしれない。しかし、逆にそこそこ以上のお値段だった場合、有力海軍軍人子弟の仁禮の

ために鈴木商店がカネを出した、またはお歳暮等の品として標本を仁禮に贈った、との勘繰りも可能なところなのである。

●7――仁禮景雄と斎藤実・春子夫妻

「異なれる　土地に来れば　ひと冬に　二度と見るかな　初雪をば」

これは明治三五（一九〇二）年二月一〇日付で、仁禮景雄が詠んだ歌である（「斎藤実関係文書」）。この歌が書かれた手紙は仁禮が滞在先の千葉県一ツ松村（現在長生郡）から東京の姉春子宛てに送ったもの。このとき仁禮は母親と一ツ松村に滞在しており、そこに姉の春子が訪ねてきた。そして、春子が東京へ帰った後に、姉の訪問に対する謝礼を述べている。書簡中で自らの短歌に対し「一字足りません」と自白しているように、たしかに足りない。筆者は短歌の類いを論評できる技量はないが、お世辞にも良い出来栄えとはいえないと思う。本人もそのあたりは自覚していたらしく、「なんだか変んですね」（原文ママ）との文言で手紙を締めくくっている。

それにしても、現在の仁禮家と縁戚でも何でもない筆者がなぜ景雄の手紙を読めたのか？　それは、景雄の姉の春子が明治二五（一八九二）年二月に斎藤実海軍大尉（当時）に嫁いだことと関係がある。景雄の義兄である斎藤実（一八五八―一九三六）は海軍大臣や朝鮮総督、ジュネーブ軍縮会議全権等を歴任したのち、昭和七（一九三二）年から九年まで総理大臣となって内閣を組織した。多少の歴史通なら、斎藤が昭和一一（一九三六）年の二・二六事件で陸軍皇道派の青年将校らに殺害されたことを知っているはずだ。このように斎藤実は近代史の重要人物であり、彼が保管していた書類・書簡類は国立国会図書館憲政資料室に寄贈された。そこで、図らずも景雄が春子宛てに書いた手紙も、後世の見ず知らずの赤の他人に

閲覧されることになってしまった。景雄にとっては迷惑至極であろうが、これも有名税ということで諦めてもらうしかない。

昆虫学史観点で仁禮景雄の生涯を追跡するうえで、従来ほとんど顧みられてこなかったのは、この義兄斎藤実の存在である。斎藤の経歴のうち、朝鮮のチョウを研究した景雄に直接関係がありそうな事項といえば、朝鮮総督のポストに就いたことだ（注③）。斎藤は大正八（一九一九）年から昭和二（一九二七）年、昭和四年から同六年と長きにわたって総督を務めた。朝鮮総督や台湾総督といった植民地総督に該当するポストが現在の日本にないので実感がわきにくいが、朝鮮総督は現地の経済開発、鉄道、警察など植民地行政の多岐にわたる部門にきわめて強い権限を有する職である。朝鮮総督経験者八人の軍人のうち、寺内正毅、斎藤実、小磯国昭、阿部信行の四人は首相となっているし、同じく宇垣一成は実現しなかったとはいえ、何度も首班候補に名が挙がった大物政治家である。朝鮮総督がいかに帝国の重要ポストであったかがうかがえよう。朝鮮総督は現在の都道府県知事に毛が生えたようなポストでは決してないのである。

海軍兵学校を中退した仁禮景雄であるが、家系の上からも生涯海軍とは縁を切らなかったようだ。大正九（一九二〇）年五月三一日、仁禮は戦艦陸奥の進水式を見物した。当日の拝観人は甚だ多く、「往復の汽車は非常に混雑」と斎藤に書き送っている（「斎藤実関係文書」）。

さて、大正九年六月一二付で朝鮮総督府宛斎藤実に送った書簡によれば、仁禮の住所は「東京市四谷区仲町三丁目四〇四番地」となっている。実はこれ、斎藤実が明治四四（一九一一）年一〇月に建てた邸宅の住所である。仲町の斎藤家の邸宅内の別棟には仁禮景範の未亡人、つまり景雄と春子の母親が滞在していたこともあった。よって、斎藤夫妻が朝鮮へ赴任中に義弟の景雄が留守番をしていたとしても不思議ではない。もちろん、留守番というと聞こえが良いが、ようは居候である。また、『日本紳士録』によれば、仁禮の住所が「四谷仲三ノ二五」と記されている年もある。こちらの方は斎藤実邸とごく近所ではあるが、

斎藤家そのものではない。となると、仁禮は斎藤邸の近所に住んで、主留守中の斎藤家の家屋の管理をしていたとも考えられる。いずれにせよ、期間不明ながら、景雄が斎藤実宅に厄介になっていた時期があるのは確実だ。明治二〇年代末から数年間、斎藤実は老母とともに東京三田綱町の仁禮邸に仮住まいしていた恩があるので（『子爵斎藤実伝』）、逆に仁禮家の義弟を預かることになってもとくに違和感はなかったのであろう。それにしても、大正初め頃景雄は次兄景助の家に住んでおり、また大正中頃は義兄に世話になっていたことから、お世辞にも自立していたとは言いがたい生涯である。もっとも、仁禮は大正八（一九一九）年二月に流感（＝流行性感冒）、つまりインフルエンザを患って以降、数年にわたって病床にあったので（『昆蟲世界』二五巻二八四号）、斎藤家の居候と呼ぶのは本人にとって酷かもしれない。

アマチュアの蝶研究家の渡正監は「仁禮景雄先生は私が麴町永田町に居た学生時代、御近所で既に大家になつて居られ、文献や標本を見せて頂きに屢々伺いました」（傍点筆者）との回顧談を戦後残している（「大先輩蝶を語る　渡正監氏談」）。斎藤実邸があった四谷は麴町と近い距離にある。しかし、渡が仁禮を自宅に訪問した年月を詳細に述べていない以上、渡が訪ねたのは斎藤実邸だったか、その近所に位置した仁禮景雄邸だったかは定かではない。

『子爵斎藤実伝』には義弟の景雄のことはほとんど出てこないのだが、この伝記が姉の春子健在中に書かれたものであることに留意する必要があろう。春子の老母ならまだしも、いい年をした弟の景雄が「姉の嫁ぎ先に居候していました」とは、伝記ではなかなか書けないものである。

仁禮は大正九（一九二〇）年当時、東京電気工業株式会社の監査との肩書を持っていた（交詢社編『日本紳士録第二五版』）。義兄宅の留守番・管理をしつつ、ある程度の収入は確保していたのである。また、景雄死去後に彼の土地の名義変更手続に関する書簡が残されている（「斎藤実関係文書」）。よって、仁禮は義兄に頼るところが大きい後半生ではあったが、生涯無一文でもなかったようだ。

●8――志半ばで病に倒れる

仁禮景雄の最後の論文は大正一〇（一九二一）年である。以降亡くなる大正一五（一九二六）年まで仁禮がどこで何をしていたか、これまたまったく不明だ。今後の史料発掘を待つしかないのが実情である。また、7節で述べたように、大正八（一九一九）年二月にインフルエンザを患い、少なくとも大正一〇年春の時点までは病床にあった。この大正一〇年が論文の打ち止めとなったのは、健康上の理由と考えられないこともない。

仁禮コレクションのチョウ類標本の採集年月日も上記の推測を裏付ける。仁禮が海軍兵学校を退学した明治四〇年以前に捕られた標本がないのは当然としても、大正九年以降採集の標本がほとんど残されていないのである。西暦に直せば、一九〇九年の第一回目の仁禮家北海道農場訪問時を除くと、仁禮コレクションのチョウ類標本はほぼすべてが一九一〇年代に採集されたものである。大正一〇年に最後の論文を発表したのとほぼ同時に、標本の収集も止めてしまったのである。彼の健康が研究の続行を許さなかったからなのか、はたまた気力が尽きたからなのか。多々憶測はできるものの、いまのところそれらを裏付けられる史料がない。

もう一つ、仁禮の晩年に関して気になる点がある。それは『動物學雑誌』に彼の訃報記事がないことだ。死去時にはすでに学会を辞めていたとも考えられる。生涯健康に恵まれなかった仁禮景雄は大正一五（一九二六）年八月九日午後一時半に四一歳で死去した（「斎藤実関係文書」）。

●9――海外産チョウ類標本の散逸

子孫に伝わるところによると、仁禮は海外産チョウ類標本を日本に持ち帰っていた。収集したチョウ類

標本のうち、日本、朝鮮、台湾産のチョウ、つまり当時の大日本帝国産標本については、時期不明ながら仁禮の死後、東京帝国大学に寄贈され、後に九州帝国大学に移管された。しかし、どうやら東大への寄贈後も、海外産チョウの標本については仁禮家に残っていたようである。というのも、景雄の長男の仁禮一は生前、娘の松田紀久子氏に「親父の外国のチョウの標本は高く売れた」と語っているからである。

　これについては、多くの憶測を述べることができよう。たとえば、景雄自身が妻のいよに「自分のチョウ標本は東京帝国大学に寄贈せよ。しかし、外国のチョウはカネになるから、いざという時のために手元に残しておけ」と遺言したのか。それとも、景雄の旧友が残された妻や子の将来を案じて、「外国のチョウだけは簡単に手放すな」と助言したのか。素人のいよが大日本帝国産チョウと海外産チョウ、つまりカネになるチョウとならないチョウを簡単に区別できたとも思えず、誰かが景雄の遺族に入れ知恵してくれたのではあるまいか。

　景雄の死後、決して裕福とは言いがたかった遺族たちが、どこかの時点で外国産チョウの標本を手放したのはやむをえなかっただろう。なお、それらの標本が現在の日本のどこかに残っていたとしても、「仁禮家から買い取りました」との領収書等が付随しないかぎり、「これは仁禮景雄が外国で収集したものである」との確定はできないはずだ。仮に仁禮本人が欧州や南米で網を振るって捕ったチョウであったとしても、仁禮は標本ラベルに採集者名を記していないからである。なお、蝶愛好家の小林繁太郎氏の回想によると、仁禮所有のチョウ標本のうち、最も高価な三頭はドイツに売られて、同国の国立博物館で所蔵されたようだ（小林「一生を蝶の採集にかけて」）。

　こうして仁禮が収集した外国産チョウ類標本は散逸したが、そもそも海外産チョウ標本や書簡類を含め、景雄にまつわる品々は現在の子孫の家にまったく残されていない。景雄の死後、子孫は何回か引っ越しを繰り返しており、その過程で遺品類はほぼ失われてしまった。景雄の孫にあたる松田紀久子氏は、祖母の

図8-4　仁禮景雄の墓（東京青山霊園）。

いよの部屋にチョウの額縁が飾ってあったのを記憶している。非常に繊細な絵だったとのことなので、景雄が欧州から持ち帰った博物画の一種かと思われる。この絵が妻や子孫に伝わった唯一のチョウ関連の景雄の遺品だったようだが、これも残念ながら今は残されていない。

●10――青山霊園に眠る

孫の松田紀久子氏によると、景雄には長女の露子と、その下に長男の一の二人の子がいた。そして、仁禮一の子は松田氏を含む娘二人なので、現在仁禮姓を名乗る景雄の子孫はいない。

景雄の子孫からは虫好きは出なかった。その代わりに、仁禮一は軍艦オタクで、ヨーロッパの高価な軍艦雑誌にカネを惜しみなくつぎ込み、そのせいで妻の道子と夫婦喧嘩になったこともあったらしい。どうやら、仁禮景範の海軍魂の血は、景雄の子孫にも無事受け継がれたようである。

景雄の妻のいよは、夫の死後、再婚しなかった。遺族は仁禮本家の援助で生計を立てていたようだが、本家自身が塩田経営や農場経営に失敗していたのだから、景雄の遺族の生活は決して楽ではなかったはずである。いよがどのように景雄の二人の遺児を育て、大東亜戦争の激動の時代を乗り越えたのか。関心は尽きないものの、今となっては本人に聞く術はない。いよは昭和四七（一九七二）年二月一七日死去した。また、大正九年生まれの長男の一は平成一九（二〇〇七）年二月二〇日に亡くなった。長男の一氏は父の景雄とは違って、天寿を全うした。

現在、仁禮景雄は東京青山霊園で永遠の眠りについている（図8-4）。墓石には「大正一五年八月九日

歿　行年四二」と刻まれている（注、満年齢で換算するなら四一歳で死去）。景雄は火葬ではなく土葬だった。長男の仁禮一氏によれば、いよの死後、納骨のため墓を開けたとき、景雄の遺骸は全身水に浸かっていて、あまり傷んでいない状態のままで保存されていたという。エジプトのピラミッドならまだしも、この温暖湿潤な日本で遺骸が半世紀近くも大きく傷まずに残るのか、との疑問が湧く。しかし、筆者は福井県が輩出した政党政治家の杉田定一（一八五一―一九二九）を近年改葬したとき、杉田翁の髭が秀麗なまま残されていたとの話を聞いたことがある。条件さえ整えば、遺骸が半世紀にわたって激しく腐敗しないというのもありうるのだろう。それにしても、仁禮はまさか自分の死後百年近くも経ってから、己の生涯を徹底的に調べられるとは夢にも思わなかっただろう。筆者は「あなたの人生を根掘り葉掘り探ってしまってごめんなさい」と墓に手を合わせた。

　仁禮景雄は生涯最後の論文を発表してから、死去するまでの最晩年の五年間、一体どこで何をしていたのか。死の間際までチョウの幻影を追い求めていたのか。それとも精も魂も尽き果て、強健な体を持ちえなかった生涯を達観しつつ世を去ったのか。それは本人と神のみぞ知るところである。

第九章　昆虫翁の議会対策――名和靖

明治二九（一八九六）年四月、岐阜市京町に民間の昆虫研究施設である「名和昆虫研究所」を設立した男がいる。その男の名を名和靖（一八五七―一九二六）という（図9-1）。のちに昆虫翁と呼ばれた男だ。名和靖はギフチョウの発見者として名を残すほか、明治大正期に基礎昆虫学と応用昆虫学の両分野で優れた業績を上げた。

名和は明治一一（一八七八）年に岐阜農事講習所に入学、同一六（一八八三）年夏に上京し、このときに生涯の師となる田中芳男の知遇を得た。同一九（一八八六）年、名和は帝国大学に半年間だけ籍を置いて学んだ。以上の学歴から見るに、高等教育機関で昆虫学を本格的に学んだとは言いがたく、彼の博識は独学での修得に拠るところが大きい。また、生涯の大半、公職に就かなかった。名和は一民間研究所の所長、つまり在野の昆虫研究者であった。しかし、昆虫学全般を扱った雑誌『昆蟲世界』の発刊や講習会等を通じた農業従事者への害虫防除技術の指導、シロアリ駆除研究など、名和が近代昆虫学で果たした功績はきわめて大きい。名和の詳しい履歴については平野『名和昆虫翁』と木村小舟『昆蟲翁名和靖』に譲りたい。また、筆者が発見した明治四〇（一九〇七）年までの名和の履歴書も、彼の生涯の参考資料になるだろう（拙文「宮内庁所蔵『進献録』」）。さらに、名和本人が最晩年病床にありながら残した回顧談『昆虫翁白話』も、彼の人生観を知る上で格好の文献であることも付け加えておく。

残念ながら、名和昆虫研究所は現在財団法人にその名を残すものの、研究所としての活動は行っていない。しかし、大正八（一九一九）年に研究所の付属施設として開設された名和昆虫博物館は今なお岐阜公園内に存続し、市民に対する昆虫学普及の拠点となっている（図9-2）。

図9-1　前列右、名和靖。同中央、田中芳男。同左、永澤小兵衛（名和昆虫研究所所員）

名和靖は平民である。華族どころか士族でもない。にもかかわらず、本書『近代華族動物学者列伝』で〝平民名和靖〟に、なぜ一章をわざわざ割くのか？　それは、名和が自ら立ち上げた昆虫学研究所の運営に苦しみ、帝国議会を通して、華族動物学者たちの支援を求めた経緯があるからだ。とくに名和は師である田中芳男を頼りとし、田中もまた名和への支援を惜しまなかった（第七章）。本章は、現在でも珍しい私立の昆虫研究所の経営に苦闘した、一人の昆虫学者の物語である。

●1——岐阜県その他からの補助金

『財團法人名和昆蟲研究所概覧』（以下、『概覧』と略す（注①））に、明治二九（一八九六）年の名和昆虫研究所設立から明治四三（一九一〇）年までの一五年間の収支の数字が記されている。これによると、名和靖個人による研究所経営への持ち出しは一万二〇〇円と記されている。年平均七〇〇円弱の支出であり、平民にすぎない名和の個人負担は非常に大きく、研究所の経営基盤は盤石とはいえない。ただし、研究所は岐阜県その他から、少なからぬ補助金を獲得していた。ここで、『概覧』に記された補助金の種類を列

記してみた。

（1）岐阜県は所長に害虫駆除調査員を嘱託。その年間手当として明治二九年から三〇年は三六〇円、同三一年から四三年までは毎年四八〇円を支給。

（2）同じく岐阜県は（一）の所長への手当とは別に、研究所員の出張調査費として、明治二九年から同三七年頃まで一〇〇〇から二〇〇〇円を補助。

（3）明治三七年四月、岐阜県農会や岐阜市内有志からの建物や寄付金等の援助を受け、研究所は岐阜公園へ移転。

（4）明治四〇年、大阪朝日新聞社の寄付金募集事業により特別標本室が完成。

（5）明治四三年、名和昆虫研究所が開催した記念昆虫展覧会の開催経費は、岐阜県、岐阜市、岐阜県農会よりそれぞれ数百円ずつの補助により賄う。

（6）明治四三年、岐阜県農事試験場は所長に害虫調査業務を嘱託。年間手当として七〇〇円を支給。

図 9-2　現在の名和昆虫博物館

筆者は明治後半期の名和昆虫研究所が、岐阜県から受けていた補助金を、現代の貨幣価値で一二〇〇〇～二〇〇〇〇万円との試算をしたことがある（拙文「名和昆蟲研究所側面史」）。民間の一機関に対して投じられる公金が年間一〇〇〇万円以上と聞くと、ずいぶんと厚遇されているように思える。「研究所は半官半民の組織」と称される所以である（瀬戸口『害虫の誕生』）。しかし、名和昆虫研究所は決して趣味的な博物学的研究

表9-1　名和靖が日記に記した明治40年の研究所の年間収支

収入		支出①（毎月）		支出②（年間）	
雑誌代	735円14銭	長野菊次郎	40円	通信運搬費	252円
（内広告料）	（110円）	田中周平	20円	標本箱及器具代	203円
書籍及図鑑代	276円70銭	小竹浩	16円	地租	53円
標本及器具代	435円16銭	伊藤七郎	18円	勝手諸費用	864円
本科生月謝	253円50銭	柳橋昇	13円	合計	1372円
別科生	428円	木村福松	10円		
合計	2128円50銭	書生三人	5円		
		農夫一人	10円50銭	（支出①＋②）	
		下女	3円	支出年間総合計	3670円
		印刷費	56円		
		合計（年間）	2298円	年間不足金	1541円50銭

に明け暮れているわけではなく、本来ならば県の農業部署がやるべき害虫防除技術指導を、肩代わりしてやっているのだ。ならば、県からそれぐらいの予算を分捕っても罰はあたるまい、と筆者は考える。

●2――明治四〇年の研究所収支表

明治末から大正期の名和昆虫研究所財務状況については、瀬戸口『害虫の誕生』が現在の名和昆虫博物館に残る一次資料を引用して解説している。だが、同館の名和哲夫・現館長によれば、研究所が財団法人となった明治四四（一九一一）年以前の財務資料については一切残っていないという。幸いなことに、筆者は明治四〇年の研究所の年間収支を示すメモを同館所蔵の史料から見つけたので、本章にて紹介したい（拙文「明治40年代『名和靖日記』」）。

明治四〇（一九〇七）年の総支出（支出①＋②）は三六七〇円である。『概覧』によれば、明治二九年から同四三年までの一五年間で研究所の活動にかかった経費は計六万九三〇〇円と記す。総額を単純に年数で割れば、年

間四五〇〇円との計算になる。よって、明治四〇年の総支出はやや低めだが、例年どおりの数値と考えてよいだろう。

この表（9-1）から明治末の私立の昆虫研究所が、所員にいくらの月給を払っていたかがわかって興味深い。たとえば、研究所発行の『昆蟲世界』に専門論文を投稿し、研究所内で名和に次ぐ学識を持つ長野菊次郎は四〇円の月給をもらっている。この四〇円が高いのか安いのか、判断は難しいところだが、同年の国家公務員（高等官）の初任給が五〇円、東京の公立小学校教員の初任給が一〇～一三円、大工の日当が一円という時代である（森永『物価の文化史事典』）。長野は特別高給取りとまではいえないまでも、それなりの待遇ではないだろうか。

表から数字上は、売上七三五円余りの雑誌『昆蟲世界』が一応の稼ぎ頭であることがわかる。その一方で、印刷費が毎月五六円必要であり、年間六〇〇円以上の経費がかかっている。印刷費すべてが『昆蟲世界』に費やされたわけではないにせよ、昆虫学関連の学術雑誌の販売が儲からないのは明治も令和も大差はないようだ。

年間収入二一二八円余りが毎月の固定費（支出①：人件費＋印刷費）でほぼ消えてしまい、年間約一五〇〇円の不足金が生じている状況は、たしかに健全経営とは言いがたい。名和は何らかの手を打たねばならなかった。

●3——国の予算獲得を目指して：帝国議会における攻防・第一ラウンド

傍目から見れば、県から優遇されていたかに見える名和昆虫研究所であるが、2節で示したがごとく、カネが足りないのである。県の補助金が十分でないなら国に頼るしかない。名和靖がこう考えるようになったのは自然の流れである。そして、国から補助金を得ようとする場合、明治の人間も考えることは同じ

だ。国会議員、なかでも自県選出の議員や個人的縁故のある議員を通じて予算獲得を働きかけるのが、最も手っ取り早い、となる。

時は第一四回帝国議会（明治三二年一一月二二日開会）の会期中。明治三三（一九〇〇）年二月二日、衆議院で富山県選出の稲垣示代議士提出の「名和昆蟲研究所國庫補助ニ關スル建議案」が議題に上がった。「政府は害虫駆除予防法を発布したが、肝心の効果の経過変遷を確認する機関がない。それを肩代わりしているのが岐阜の名和昆虫研究所である。同研究所は多数の標本を収集し各地で講習会を開催しているが、名和靖の個人私産による公共的事業の展開は限界がある。そこで国庫補助として年一〇〇〇円を向こう五年間支給するよう、担当大臣に予算化させるべきである」という内容だ。この建議案に対し、翌日の三日、稲垣含む九名の議員が建議案審議の特別委員会委員に指名された。特別委員会では山内吉郎兵衛委員が、政府へ要求する予算は年一〇〇〇円から三〇〇〇円に増額すべきとの提案をし、特別委員会はこの数字を可決した。これは、名和昆虫研究所は運営に年間約五〇〇〇円費やしているから、建議案にあった一〇〇〇円ではとても足りないとの判断からである。本議会における稲垣の委員会報告に対し、議場からはとくに反対意見はなく、建議案は無事可決された。

一方、この第一四回帝国議会では貴族院でも「名和昆蟲研究所國庫補助ニ關スル建議案」が早川周造ら四九名の発議者らによって同年二月一六日提出された。貴族院での建議案の審議の場で名和靖のために熱弁をふるったのが、勅選貴族院議員で、名和の師である田中芳男である（第七章）。貴族院では田中の熱弁により、特別委員会に付託されることなく、建議案は賛成者起立多数で可決された。

●4――建議案の否決と可決：帝国議会における攻防・第二、第三ラウンド

前述のごとく、第一四帝国議会で名和昆虫研究所への国家補助建議案は両院で可決されたが、ただちに

国から研究所の口座に三〇〇〇円が振り込まれたわけではない。国による予算助成は実現しなかったのだ。建議とは、議院からの意見を政府に伝達するもので、法令の改正や制定に止まらない多種多様な問題を取り扱うことが可能であった。ただし、議会で尊重されたのは建議の内容の実効性ではなく趣旨である（葦名「帝国議会衆議院における建議と請願」）。つまり、建議の採択は政府に対し、強い法的拘束力を持たない。いうなれば議会の意思表示にすぎないのである。

名和昆虫研究所への支援獲得は、次の第一五回帝国議会（明治三三年一二月二五日開会）で仕切り直しとなった。前議会で建議した稲垣示に石井鼎、早川龍介、堀尾茂助、恒松隆慶の四代議士を加えた計五名が、明治三四（一九〇一）年三月一八日「名和昆蟲研究所ニ交付スヘキ國庫補助金追加豫算ノ提出ニ關スル建議案」を衆議院に提出した。しかし、不幸にも同月二三日の衆議院本会議で否決となってしまう。

名和の支援者たちはなおも屈しなかった。次の第一六回帝国議会（明治三四年一二月一〇日開会）会期中の翌三五（一九〇二）年二月一八日。天野若圓外六名の代議士による「名和昆蟲研究所ニ交付スヘキ國庫補助金追加豫算ノ提出ニ關スル建議案」が衆議院に建議された。政府は明治三五年度追加予算に同研究所への補助費を組み込め、との要求である。同建議案は特別委員会に付託されることとなり、天野若圓ら九名が委員会委員に指名された。

残念ながら筆者はこの特別委員会の議事録を見つけだせていない。よって委員会審議の具体的な過程は不明だが、委員会では建議案を大幅に修正したものの、満場一致で可決、同年二月二二日に本議会で委員長報告が行われることとなった。天野若圓委員長は従来の理屈を繰り返した。「名和昆虫研究所は害虫駆除事業に対し大きな功績がある。国として十分支援すべきだ」というものである。同研究所の理解者の一人である恒松隆慶代議士も「異議なし。どうかただちに決せられんことを！」と応援のヤジを飛ばした。

しかし、花井卓蔵代議士は天野の委員長報告に対し不信感を表明した。それは「衆議院に提出されたも

ともとの建議案は政府に対し追加予算を出せ、という期間を定めない、単純な要求であった。しかし、この修正建議案は委員会審議により『今後政府は名和昆虫研究所に対し五年間国庫補助を継続せよ』と、内容が大きく修正されている。その変貌ぶりはあまりに不思議だ」との指摘であった。もっともである。天野は特別委員会審議の経緯を、議場でまったく説明していなかったからだ。天野は慌てて「建議案を最初に提出した時は議会の会期の残りが少なくなっており、とにかく政府は名和昆蟲研究所に予算を出してほしいというものだった。委員会で建議案の内容が大きく修正されたことに他意はない」と弁明した。このように多少異論めいた意見が出される場面があったが、修正建議案は賛成起立者多数で無事可決されている。

●5――請願採択へ向けての奔走：帝国議会における攻防・第四ラウンド

第一四から一六回帝国議会における研究所への国庫補助の建議案の可決否決の繰り返しに、名和靖は痺れを切らした。待てど暮らせど、国から研究所の口座にカネは振り込まれない。そこで、名和は明治四二（一九〇九）年、帝国議会に対し直接行動に出た。請願である。請願とは大日本帝国憲法で国民に保障された権利である（序章参照）。

では、名和は請願採択に向け、帝国議会議員にいかなる働きかけを行ったのか。彼の日記『名和靖日記』には、そのあたりの顛末が詳細に記されていた。この日記は、明治時代、請願が採択されるためには、当事者の臣民がどのような運動をしなければならなかったかを示す貴重な史料となっている。

まず、『名和靖日記』について簡単に紹介しておこう。名和昆虫博物館に所蔵されている『名和靖日記』は未刊行史料である。この日記は、近代蝶類学に関する研究や名和が浅草に設立した昆虫館に関する記事でもすでに活用されたことがある。また、『昭和天皇実録』でも『名和靖日記』が引用されている箇

所がある。ただし、現在の名和昆虫博物館が確実に所在を確認している『名和靖日記』は、明治一〇年代半ば、明治二〇年代から三〇年代のごく一部、明治四〇年代、大正時代半ばのものに限られる。

以下、拙文「明治四〇年代『名和靖日記』」に拠って、明治四二（一九〇九）年一二月から翌四三年二月までの、名和の請願採択に向けた動きを追跡してみよう。明治四二年一二月は第二六回帝国議会開会の月である。名和はこの議会での請願採択を目指した。また、名和昆虫研究所は翌四三年三月から六月まで記念昆虫展覧会の開催を控えていた。名和は開催費用の国庫からの補助金獲得も同時並行して運動しており、その動向も合わせて記すこととする。

明治四二（一九〇九）年一二月四日、名和は岐阜市役所で翌年に開く記念昆虫展覧会について、市側と打ち合わせした。次いで薄定吉岐阜県知事と面会し、自身の上京について協議した。上京目的は前述のとおり、請願と記念昆虫展覧会開催への農商務省からの補助金獲得である。

一二月六日、岐阜県選出の松野裕次郎代議士宅を訪ね、帝国議会への請願書提出の件について質問した。請願は臣民に保障された権利ではあるが、手続き上、紹介議員を通じて帝国議会に提出されなければならない。よって、請願提出者と帝国議会議員との事前協議は絶対に必須である。なお、名和の請願の紹介者はこの松野ではなく、後述する同じ岐阜県選出の古井由之代議士である。

一二月一一日、松野代議士を再訪。会談内容は不明だが、請願について協議したことが日記からわかる。

一二月一三日、巡査教習所の生徒二一名が研究所に来所し、特別標本室を見学した。名和がその応対に当たる必要があったからであろうか。この日は、後継ぎの名和梅吉が松野代議士宅を訪問し、請願書の内容を説明した。その後、梅吉は市役所に行き、展覧会の打ち合わせを行っている。この頃、嗣子の梅吉は研究所運営に関わる重要任務の一端を任されていることがわかる。

一二月一四日、名和梅吉は林茂宅を訪問し、請願の件で打ち合わせを行った。この時期の日記には「林

茂」なる人物が時折登場する。岐阜在住で研究所の支援者か関係者の一人と思われる。

一二月一五日午前〇時四〇分、名和は岐阜駅を発った。この深夜の停車場でも上記の林茂と面会し、種々相談した。こんな深夜に林といかなる協議をしたのだろうか？

同日午前六時、静岡で途中下車し、停車場で岡田忠男なる人物と面会。その後、吉野寅之助が合流し、三人で農事試験場に向かった。試験場職員と害虫防除に関する意見交換でも行ったのだろう。しかし、静岡に長居することなく、同日正午、静岡駅を発ち、再び上京の途についた。

同日午後五時新橋着。駅には支援者の田中周平が迎えに来ており、本郷の朝陽館に向かった。ここが名和の滞京中の拠点となったらしい。この田中周平なる人物は、明治三九年『昆蟲世界』一〇巻一〇一号掲載の「恭賀新年」の欄では愛知県在住者として掲載されている。明治四二年時点では、名和をサポートするために上京していたのであろうか、それとも当時は東京在住だったのであろうか。

東京に到着したその日のうちに、名和は岐阜県選出の大野亀三郎代議士と、記念昆虫展覧会への国庫補助の件につき、電話で協議した。大野は大浦兼武農商務大臣と下岡忠治同省農商務局長への陳情を支援してくれる代議士である。

一二月一六日、関代議士を訪ね、請願について協議した。実はこの議会では、関姓の代議士は関信之介と関直彦の両名がいて、日記に出てくる「関代議士」がどちらかが特定できない。憶測を述べるなら、関直彦の方ではないかと思う。関信之介は茨城を選挙区に持つ弁護士出身の代議士で、名和との接点が思いつかない。一方、東京選出の関直彦も弁護士出身だが、東京日日新聞や大阪日日新聞などの社長を歴任した大物政治家であることに加え、麹町区会議員、東京市会議員、東京府会議員等を務めた経歴を持つ。よって、名和が明治四〇（一九〇七）年、浅草に通俗教育昆虫館を設立したとき、東京を地盤とする関直彦は名和の相談や陳情の相手になった可能性がある。

その後、名和は花房義質子爵邸と田中芳男邸に続けて挨拶に回った。明治四一（一九〇八）年に、名和が鱗粉転写標本を皇族へ献納したとき、宮内省次官だった花房に大いに世話になったことがある。そして、名和にとって昆虫学の師であり、最大の庇護者である田中は、今回の上京でも何かと頼りにできる存在であった。

一方、宿舎には知人の木村定次郎が訪ねてきた。木村とは単に旧交を温めただけではなく種々打ち合わせしたらしいのだが、その内容は不明だ。

一二月一七日および一八日、名和はさまざまな人間と面会や電話にて協議しているのだが、「誰それと面会す」との簡略化した文言が少なくなく、いかなる話をしていたか不明な点が多い。一八日、伊藤篤太郎理学博士宅を訪ねた。伊藤には記念昆虫展覧会で展示する書籍類の貸借を依頼している。同日夜は、九段偕行社で開かれた岐阜県人郷友会に出席した。ここでは同県選出の千早正次郎・佐々木文一両代議士と会談している。「請願」との文言は日記に書かれていないが、「請願のため只今上京して参りました、何卒よろしく」と、二人に挨拶したに違いない。日記には「万件都合宜し」とあるから「おお、我らに任せておけ」と心強い言葉でももらえたのであろうか。研究所への今後の寄付金を集めるうえでも、在京岐阜県人との交際は名和にとって重要な仕事であっただろう。

一九日は画家の織田一磨宅を訪問した。織田からは有益な情報をもらえたとのこと。また、記念昆虫展覧会への出品を依頼した。また、織田は同月一五日付発行の『昆蟲世界』に「都市と昆蟲美」との雑文を寄稿しているので、「この度は投稿ありがとうございます」ぐらいの礼は言ったかもしれない。

名和がどのような経緯で画家の織田と知り合ったのかは定かでない。ただ、織田の両親は維新後に剥製標本を製作しており、一磨は幼少時親に連れられ昆虫採集をしていた経験がある。明治四〇年代にはハネカクシやチョウを描いた作品もある。さらに「織田一磨は『自分は常に美しいと思って蝶を眺めている』

と告白していた」との証言もある（中原「織田一麿氏へ」）。となると、ギフチョウ発見者である名和と織田が親しくなる機会は十二分にあるし、そして名和が織田に昆虫作品の展覧会出品を依頼しても不思議な話ではない。

同日、名和は憲政本党本部を訪ね、岐阜から上京していた松野代議士と会談した。日記には「種々打合ヲナシタル」とある。請願が主題であったと考えて間違いない。その後、松野に連れられ関代議士を訪ねて行ったが、運悪く不在だった。松野も関直彦もともに憲政本党所属代議士である。この点からも名和が一六日に会った「関代議士」とは同党の関直彦であって、政友会の関信之介ではないと推測することも可能だ。松野は名和の後援者的存在ではあるが、明治四一年五月の第一〇回総選挙で初当選した一年生議員である。一方の関直彦はこの時点ですでに五回の当選を重ねている同党の有力議員。よって、松野が気を利かせて、名和を引き合わせようと配慮したのかもしれない。

この日、名和は忙しい。次に農商務省の下岡局長宅に向かい印刷物を渡した。研究所発行の印刷物と思われる。すでに述べたように名和の上京の目的の一つが記念昆虫展覧会開催のための農商務省からの補助金獲得である。その要件で下岡宅を訪問したのだろうが、現代人の感覚でいえば、官僚の自宅に上がり込み、国庫補助を頼み込むのは、倫理的に問題ある行動のようにも思える。なお、下岡は名和が上京する約一か月前の一一月二六日、大浦農商務相の関西地方巡視に随行して、研究所に来所していた。つまり、名和と下岡は初対面ではないし、展覧会への補助陳情も今回が初めてではなかったはずである。

同日、石井重任宅も訪ねた。石井は在阪肥料業界の有力者である。害虫防除研究を行う名和からすれば、肥料業界は研究所への支援と理解を求める対象となる。さらに、名和は東京帝国大学の渡瀬庄三郎理学博士にも面会した。この他にも別人宅に立ち寄ったり、逆に宿舎に来客があったりして、名和は精力的に打ち合わせをこなしている。

一二月二〇日、名和は渋谷の三島弥太郎子爵邸を訪問するも本人不在。やむなく取次の人に「議会並ニ展覧会ノ件」を伝言した。請願の採択と記念昆虫展覧会の補助金獲得ともに三島の斡旋を依頼したのである。今回名和が三島を頼ったのは、三島が名和昆虫研究所維持会設立の際の賛成員であり、もともと知遇があったからであるが（第一章）、理由はそれだけではあるまい。このときの第二六回帝国議会で貴族院内の最大会派は八二名を擁する研究会であり、三島はその研究会の指導的立場にあった有力議員である。名和最大の庇護者である田中芳男は大変頼りになる存在であるが、貴族院内では無所属議員でいわば一匹狼的存在である。議会での採決に限れば田中の影響力に多大な期待はできない。一方の三島は貴族院最大会派の研究会の実力者であるうえに、米国留学で害虫学を収めた経歴がある。さらに三島弥太郎は元薩摩藩士の三島通庸の長男で、また同藩出身の大浦兼武農商務相と親しい間柄であった（坂本『子爵三島彌太郎傳』）。三島は名和が最も了解と支援を取り付けたい政治家だったに違いない。

ここで、地方在住の民間昆虫学者の名和が、帝国議会の政治勢力図をそこまで把握していたのか、との疑問がわく。ただ、『名和靖日記』を見ると、東京滞在中の名和に対して、入れ代わり立ち代わり助言をしてくれる在京支援者がいることがわかる。そのような支援者から政治情勢に関する的確な情報をもらえたであろうし、そもそも政治オンチでは、行政の補助を受けねばならぬ民間の昆虫学研究所の経営なんぞできなかったはずである。

さて、三島不在のため伝言だけを残したのち、東京帝国大学農科大学へ向かった。そこで石川千代松、佐々木忠次郎、三宅恒方などと面会。この日、フランス大使館書記で甲虫研究家のガロアにも会った。ガロアとの面会約束を取り付けてくれたのは画家の織田一麿である。名和は織田、田中周平の三人でガロアを訪問したのだが、織田とガロアが親密であった点に興味を惹かれる。

ガロアは名和らに自慢の甲虫コレクションを熱っぽく説明した。名和は「あなたのその珍しい甲虫の標

本を、うちの記念昆虫展覧会に出品してくれないか」と依頼したところ、ガロアは快諾してくれた。また、ガロアは名古屋共進会に出席するので、その折に、是非とも岐阜に立ち寄りたいと申し出てくれた。

一二月二一日、名和は西ヶ原農事試験場を訪問。同試験場の桑名伊之吉などの昆虫学者諸氏と面会した。諸氏のなかには貴族院議員で同試験場嘱託の高千穂宣麿男爵も含まれており、名和は高千穂には展覧会への出品を依頼した。高千穂との会話について名和が記しているのはこれだけだ。昆虫学者の高千穂は単に貴族院議員であるだけでなく、貴族院男爵議員の有力者である千家尊福と親しく、さらに衆議院第一党の立憲政友会総裁の西園寺公望の甥でもある（第六章参照）。このような高千穂に対し、名和は議会への請願について、なぜ支援を求めなかったのだろうか？ この日だけでなく、前後の日記を見ても高千穂に斡旋を依頼した形跡が見当たらないのである。

一〇年前の明治三二（一八九九）年三月、名和が九州に赴いた際、当時英彦山神社宮司だった高千穂と大分中津で会っているので、二人は旧知の仲である（拙文『博物學者高千穂宣麿先生小傳』）。しかし、この明治四三年初め時点で、二人はやや疎遠になっていたのではないかと思われるふしがある。たとえば、明治三九（一九〇六）年の研究所維持会設立時の賛成者にも、また、後の大正四（一九一五）年に研究所が基本金募集事業を開始したときの賛成者にも高千穂の名は見られない（『概覧』）。細かいことながら、『昆蟲世界』一〇巻一〇一号の明治三九年「恭賀新年」の欄には、田中芳男や松村松年をはじめとする昆虫学関係者がずらりと名を連ねているが、やはりそこにも高千穂の名前はない。

男爵の高千穂は、研究所支援事業の賛成者や発起人に名を連ねる要人として最適であったはずだ。以下、憶測であるが、明治三五年発行『昆蟲世界』に高千穂を茶化すような戯文が掲載され、高千穂は大層憤慨していた（高千穂『鶯嶺仙話』）。これを契機に二人はやや疎遠になったのではあるまいか。実は一年半前の明治四一（一九〇八）年六月一一日、名和が西ヶ原農事試験場を訪ねた際、高千穂は不在で会えなかっ

一二月二四日、体調は完全に回復していないまま、名和は午前九時新橋発の汽車に乗車。午後一〇時五五分岐阜駅に着いた。明治四二年時の名和の滞京は一〇日間に満たなかったことになる。痛みに苦しみながらの汽車の長旅はさぞこたえたに違いない。日記には病気により滞京を切り上げたとの記述はなく、体調不良により東京滞在が短縮されたか、もともと年内には岐阜に戻る予定だったかは不明である。

一二月二五日は「半面痛」のため何もできなかった。翌二六日の日記は日付と天気しか書いていないので、よほど体調が悪かったらしい。

一二月二七日、これ以降の日記には体調不良にまつわる単語が見られない。完全とはいかずともかなり回復したのか。実際、この日は来客と展覧会について協議できるまでになっている。

一二月二八日、知人の林茂が来所し種々打ち合わせ。名和は東京での請願や展覧会の補助金獲得の一連の陳情について、林に報告したに違いない。なお、同月二八日付の濃飛日報に大阪才賀商会の支配人の野田義一郎が名和昆虫研究所に一〇〇円寄付したとの新聞記事が掲載された。名和はこの記事を切り抜いて日記に貼り付けている。ガッツポーズといったところか。

一二月二九日。この日は名和昆虫研究所の工芸部の仕事納めである。名和は職員に足袋二足をあてがった。足袋の支給は太っ腹なボーナスか、それとも粗品進呈にすぎないのだろうか？

年が明けて明治四三（一九一〇）年一月四日。重要案件ありとのことで、名和梅吉が林茂を訪ねて協議した。また、この日は県庁職員の新年会であったが、代理として梅吉が出席した。名和靖はいくつかの所用が立て込んでおり、梅吉を代理に立てたのであろう。靖自身は服部岐阜市長と面会し、展覧会に関する協議を行った。また、年始で国元へ帰っていた松野代議士を訪ね、請願につき打ち合わせをしたとのこと。同じく岐阜選出の代議士の大熊三之助宅も訪問したが、残念ながらこちらは本人不在だった。

一月八日、新年幸先よい知らせが飛び込んできた。記念昆虫展覧会開催経費補助として、農商務省が三

八〇円の予算を支出することが確定した。これにて昨年末の名和上京の目的の一つは無事達成できた。これ以降日記には展覧会開催に絡む細かい取り決めに関する記述が目立つようになる。なお、この日、「大熊奥村両氏」を訪問するも、ともに不在であった。大熊とは代議士の大熊三之助と思われる。名和は請願につき陳情するつもりだったに違いない。

一月一四日、名和は岐阜選出の岡井藤之丞代議士、次いで大熊三之助代議士を訪問した。岡井と大熊は帝国議会に提出された請願を審議する請願委員会委員であり、名和が二人と何について話し合ったかはいうまでもない。大熊は「種々ノ事アリシモ大ヒニ都合宜シト信ズ」と述べたらしく、名和は請願採択に手ごたえありと感じたはずである。この日、県庁や市役所で展覧会の打ち合わせを行ったり、来所した林茂と会談したりと、名和は相変わらず多忙だ。また、名和梅吉を代理として大垣に向かわせ、ここで古井代議士に面会させることが決まった。

日記から新年以降、名和は大熊三之助への働きかけを強めていることが読み取れる。大熊は、前年一二月二五日に衆議院請願委員会とその理事に選出されていた。穿った見方をすれば、理事となった大熊への陳情を執拗に繰り返したとの解釈も可能だ。

一月一六日、『昆蟲世界』の製本が遅れ発送ができなかった。名和は「残念ナリ」と日記に記す。展覧会の準備や請願に関する代議士への働きかけの合間をぬって、雑誌の校正や製本、そして発送もせねばならないのだから、大変である。この日、名和は松野代議士を訪問、請願につき種々打ち合わせをした。さらに岐阜日日新聞社の仙石を訪ねて展覧会について協議した。展覧会開催を控え、マスコミへの広報も研究所責任者の重要職務である。

一月一八日、岡井・大熊両代議士を訪問して請願書と印刷物を渡した（注、岡井邸については本人不在）。複数の代議士と何回も細かい打ち合わせをして、最終的に請願書がこの段階で完成したということだろう。

松野代議士にも請願書の印刷物を渡しているが、松野にだけは第一四回議会の国庫補助の速記録が掲載された『昆蟲世界』の号も合わせて提出している。第一四回議会は研究所への国庫補助の建議案が可決された議会である。松野は初当選の代議士なので、過去の帝国議会の審議経過には詳しくないはずだ。想像を逞しくするなら、名和は「過去の議会では研究所への国庫補助の建議案が何回か可決されましたが、予算化には至っておりません。今回ばかりは是非とも」と訴えた、といったところか。

一月二〇日、名和は松野、大熊、岡井の三代議士宅を再訪。

一月二一日、この日岡井は上京の途に就いた。名和が岐阜駅まで見送ったかどうかまでは日記に書かれていない。

一月二三日。この年はハレー彗星が観測された年である。名和は彗星にも興味を持ったようだ。山の陰に沈もうとする彗星のスケッチをし、「午後六時西方の山の上にハレー彗星が現れた」と日記に記した。ちなみに、これはハレー彗星ではなかったらしく、同日付の日記ページの上の方に「あれはハレー彗星ではなかったことが判明した。二月三日記入す」と後日自身で訂正している。

一月二四日。研究所支援者の田中周平はこの頃東京にいた。記念昆虫展覧会の準備のほか、請願の件でも動いていたという。名和の代理として「是非とも名和の請願よしなに」と研究所に理解がある代議士宅を回っていたのかもしれない。展覧会開催を翌々月に控え、名和自身が長期滞京するのは困難だったから、と解釈することも可能だ。

一月二八日、昆虫展覧会開催が近くなり、日記にもその具体的な準備状況が数多く記されるようになる。たとえば、この日展覧会に備え、便所一棟と売店一棟を建築することが決まった。費用はそれぞれ五〇円ならびに一〇〇円と見込まれた。また、翌日二九日の日記からは、構内に植える草花はロベリヤとヒナギクなどにするとか、準備が急ピッチで進んでいる様子がうかがえる。

二月二日、東京では衆議院請願委員会第三分科会第一回が開かれていた。この日、請願委員ではなかった古井が許可を得て請願趣旨説明のため、分科会に出席していた。さらに第三分科会所属の九名の委員のうち、一人が岐阜県選出の大熊三之助だったことも有利に働いた。委員会議事録からは、大熊が事前要請にちゃんと答えて、徹底擁護に回ったことがわかる。分科会の審議については後述するが、名和の請願は無事可決された。

同日、午後三時、古井代議士より「ブンカカイイマカケツシタ」（＝分科会今可決シタ）との電報が届いた。文字通り請願委員会分科会で名和の請願が無事可決された、との知らせである。ただちに「デンミタカケツオシユクス」（＝電（報）見た。可決を祝す）と返電した。

二月三日、古井・関両代議士より親展書が届く。「（衆議院）請願委員会分科会において、下岡農務局長の同意を得て請願は即決された。本会においても大多数を以て可決されると信じている」との内容であったとのこと。なお、政府委員として委員会に出席していた農商務省官僚の下岡であるが、委員会議事録を見るかぎり、下岡は名和昆虫研究所の国家への貢献は認めつつも、補助金支出を文部省へ押し付けようとしていた。よって、「下岡の同意を得て即決」の箇所は若干の語弊がある（後述）。

二月四日、昨年東京で会った木村定次郎が研究所に来所し、種々打ち合わせ。東京では二日の分科会の議決を受けた請願委員会の全体委員会が開かれていた。名和の請願に対して分科会の可決に異議を唱える委員はおらず、委員会でも無事採択となった。

二月五日、この日は名和昆虫研究所の工芸部技術員その他数名が午後六時から八時過ぎまで、記念昆虫展覧会唱歌の練習をした。歌の練習にまで付き合わねばならないとは、名和研究所長は一体どれだけ忙しいのか。

二月七日、名和は岐阜市および岐阜県庁を続けて訪問。昆虫展覧会の打ち合わせを行っている。

同日、東京では貴族院の方の請願委員会の雑科分科会の第二回委員会が開催されていた。委員会の議事録が残されていないので詳細は不明だが、この日の分科会で名和提出の請願第三八号「国庫補助ノ件」は他の四件とともに「議院の会議に付すべき」と議決されていた。つまり分科会を通過したのである。

二月九日早朝、松野代議士より電話があった。衆議院の審議の報告を受けた。無論、話題の多くは請願に割かれたに違いない。同日午後、「松野代議士宅訪問種々ノ件打合ヲナセリ」とあるが、議会開会中なので松野本人は東京にいたと考えるのが普通だが、詳細はわからない。地元に残っている秘書または家族と協議したということだろうか。

二月一一日、東京の田中周平から書簡が届く。杉下貴族院議員から聞いた話として、貴族院請願委員会分科会において名和の請願が無事通過した。貴族院の請願委員会の総会および本会議も通過できる見込みである、と述べられていた。四日遅れの連絡である。もっとも、名和は二月八日付の日本新聞の記事で分科会での可決をすでに知っていたはずである。なぜなら、その記事の切り抜きが日記に貼ってあるからだ。

杉下貴族院議員とは岐阜県選出で、多額納税者議員である杉下太郎右衛門のこと。同県吉城郡会議員や衆議院議員、濃飛農工銀行監査役などを歴任した人物である。県選出の衆議院議員からは請願の審議結果については、名和のもとに迅速に電報が直接届いていることと比較すると、名和は杉下とそこまでは親密ではなかったのかもしれない。

二月一五日、衆議院本会議で榊田清兵衛請願委員会委員長の特別報告がなされた。榊田は名和の請願の趣旨を説明し、請願委員会として採択すべきであると報告した。これに対し議場からは異議は出されず、名和の請願は衆議院でも採択となった。これにて請願については衆議院で無事採択が最終確定した。

同日、岐阜選出の花村覚三郎代議士より「イマホンカイツウカス」（＝今本会通過す）との電報が名和の元に届く。名和は「デンミタツウカオシユクス」（＝電（報）見た。通過を祝す）と返した。もう一つ付け

加えるとすれば、この日をもって、古井、花村、佐々木（以上、立憲政友会）、松野、大熊（以上、憲政本党）、千早（戊辰倶楽部）、大野、岡井（以上、大同倶楽部）の岐阜県選出全代議士八名の名前が、明治四二年一二月以降の名和の日記に揃ったことになる。日記を読むかぎりでは、名和には特定の政治勢力と結びついた形跡がない。今回の請願についても県選出の代議士全員に働きかける、〝全方位外交〟を仕掛けていたことになろう。

前述のとおり、二月七日の貴族院請願委員会分科会を無事通過したのち、同月二三日の第五回請願委員会でも、名和の請願は問題なく本会議に付すべきと議決された。しかし、日記中には二三日の議決を知らせる電報なり書簡が届いたとの記述はない。この議会の貴族院請願委員長は名和の庇護者の田中芳男なので、この日の委員会は当然、その田中が議事を進行させていた。ならば委員会終了後に田中から無事採択されたとの吉報が届けられてもよさそうなものではあった。

展覧会開催を翌月に控え、二月下旬の日記は展覧会関連の記述で埋められることとなる。日記の紹介については、ひとまずここで終えることとしたい。帝国議会の委員会で、名和の請願が具体的にどのような審議を経て採択されたのかは、次の6節で述べることとしよう。

ただし、一点ここで言及しておきたい。岐阜県選出八名の代議士のうち、名和が最も頼りとしているのは、請願の紹介者の古井由之ではなく松野裕次郎であることが『名和靖日記』からわかる。古井は不破郡の垂井町長や不破郡会議員、岐阜県会議員となり、農業や羽二重織物工業を営むほか、大垣貯蓄銀行や大垣共立銀行の取締役を歴任した経歴がある。その古井は不破郡大垣に地盤があった。一方、松野は弁護士の業務に従事した後は政治に専念し、岐阜県会議員、同副議長、同議長を務めたいわば地方議員叩き上げの代議士である。さらに日記を読むかぎりでは、松野宅は研究所から遠くない距離に位置しているようである。これまで名和が岐阜県や岐阜市から補助金を獲得した際、松野はたびたび名和の陳情を受けていた

のではあるまいか。この推測が当たっているか否かは他年代の『名和靖日記』が発見されれば明らかになるだろう。にもかかわらず、請願の紹介者は古井であって、松野ではなかった。松野は初当選で衆議院第二党の憲政本党所属。一方の古井は当時四期連続で当選しており、また衆議院第一党の政友会所属だった点が響いたとも考えられるが、そのあたりの事情は日記から読み取ることはできておらず不明である。

●6——請願審議：帝国議会における攻防・第四ラウンド（続）

5節では名和靖が帝国議会に出した請願採択に向けて、県選出代議士への働きかけの様子を日記から再現した。本節では、岐阜でやきもきしながら吉報を待つ名和を尻目に、議会で請願がどのように審議されたかを見ていこう。

5節で述べたとおり、第二六回帝国議会（明治四二年一二月二五日開会）で、名和靖は衆議院・貴族院の両院に「國庫補助ノ件」の請願を提出した。趣旨は繰り返すまでもなく、国の発展に必須な害虫防除対策研究を行っている我が研究所に、是が非でも国の財政的支援をお願いしたい、という単純明快なものである。

名和の請願を受けた帝国議会側はいかなる対応をしたのか。貴族院側の審議の詳細な過程は不明だが、明治四三（一九一〇）年二月七日開会の第二回請願委員会（雑科分科会）で、名和の請願は「議院ノ會議ニ付スヘシト議決シタル請願書」五件に含まれた。要するに請願委員会で可決されて本会議に送られたのである。そして、同年三月九日、本会議でもとくに反対意見は出なかったので、名和の請願は徳川家達貴族院議長名の意見書付きで桂太郎内閣総理大臣に送付された。端的に言えば、名和の請願は貴族院を無事通過したのである。

一方の衆議院。同年二月二日開会の第一回請願委員会第三分科会で名和の請願が取り上げられた。請願

の紹介者は5節で述べたとおり、岐阜県選出の古井由之代議士。古井は請願委員会委員ではなかったが、主査の許可を得てこの日の委員会に出席し、趣旨を陳述した。古井は「昨年、北陸・中国地方でウンカが大発生し、七五〇〇万円もの農業被害が出た。害虫被害は深刻である。名和昆虫研究所に国庫補助を与え、今以上に害虫対策にあたらせるべきだ」と主張した。万事名和との打ち合わせとおりの説明だったはずである。しかし、委員会に政府委員として出席している下岡忠治（農商務省農務局長）は、「政府としても名和昆虫研究所の功績が多大なことは認めている」としつつも、「農商務省として名和昆虫研究所に特別費を予算に計上すれば、他の私立学校や私立研究所からも同様の要求が乱発しかねない。名和昆虫研究所は昆虫学の普及に力を入れており、その他実施している事業等を考慮すると、文部省から補助するのが適当だと思う」と答弁した。

請願委員会委員で、名和靖からたびたび陳情を受けていた、岐阜選出の大熊三之助代議士は下岡の答弁に納得せず、「名和昆虫研究所の事業は非常に特殊である。農商務省が同研究所に予算を計上したとしても、他の私立学校にまで助成範囲が広がる弊害が生まれることはないはずだ」と主張した。すると下岡は「現在財政窮迫しており、名和昆虫研究所に対する特殊補助は避けたい。しかし、同研究所の業績は政府としても十分評価しているので、適当な支援方法を模索中である」と、農商務省が名和昆虫研究所にただちに予算を支出することに、あくまで難色を示した。

この日の請願員会第三分科会に出席している政府委員は下岡忠治と上山満之進（山林局長）の農商務省の官僚二人であり、文部省からは出ていない。よって、下岡の答弁を文部省側がどう考えるかは微妙だが、下岡は農商務省の官僚として、予算支出を文部省へ押し付けたかった。まさに官僚の鏡である。

結局、請願員会第三分科会では「カネの出所は農商務省か文部省か」の白黒を付けないまま、政府に対し国庫補助を求めるとの形で可決した。同年二月二五日の本会議では、請願委員会委員長の報告に対し異

議は出なかった。何はともあれ、貴族院・衆議院両院とも名和の請願の採択を無事認めたわけである。

●7——国庫補助実現後の次の一手

名和昆虫研究所に対する国庫補助を求める建議案が最初に採択されたのは、明治三二（一八九九）年一二月開会の第一四回帝国議会である。つまり、名和靖は明治二九年に研究所を立ち上げてからほどなくして、国による財政支援を得るために、帝国議会対策に動いたことになる。

結果として名和の国に対する粘り強い働きかけは実った。明治四四（一九一一）年に名和昆虫研究所が財団法人となったのち、とうとう国庫補助を受けるところまで漕ぎつけた。明治四四年以降は、国庫より年間一五〇〇円、岐阜県より二〇〇〇円、岐阜市より三〇〇円の公金が補助されることとなった（『概覧』）。名和は研究所の年間支出の平均四五〇〇円とほぼ同額の公的助成金の確保に、ついに成功したのである。

研究所の財団法人化や国からの予算獲得は別の効果も生んだ。研究所に対する社会的信用が増したか、明治四四（一九一一）年から大正三（一九一四）年までに一〇〇〇円近い新たな寄付金を集められたのである（『概覧』）。

研究所経営は財政面で一息つけたはずだが、国からの予算獲得成功に胡坐をかく名和靖ではない。第一、財政難の状態は相も変わらず慢性化している。そこで次の一手を打つ。大正四（一九一五）年一〇月、名和は基本金を募ることを決意した。『概覧』に挿入された「財團法人名和昆蟲研究所基本金募集趣意書」によると、昨今病害虫等による農作物被害は一億五千万円に上る。現所長の名和靖は昆虫学ならびに害虫駆除予防事業を講究するため明治二九（一八九六）年に独力で研究所を設立、以後二〇年間害虫駆除に心血を注いだ。しかるに現在研究所は常に資力窮乏の状態にある。そこで東洋唯一の昆蟲研究所の維持発展

のため、安定した基本金一〇万円を募集する、とある。
大正四（一九一五）年の東京朝日新聞一部が二銭という時代である。現在の貨幣価値に換算して、五、六億円ぐらいの金額になろうか。これが多いか少ないかは人によって判断は分かれるだろうが、研究所予算約二〇年分の額に匹敵するカネを集めようというのだから、かなり野心的と評することができるかと思う。

　募集するのは基本金なので、集めたカネをすぐに使うわけではない。基本金募集規定には、財団法人が基本金を銀行預金ないしは有価証券として保持し、その利子を研究所の費用に充てるとある。なお、大正四（一九一五）年一二月発刊の『昆蟲世界』（一九巻二二〇号）にも「基本金募集につき廣く援助を仰ぐ」との広告記事が載った。そこでは、研究所の事業が国家に必要不可欠なものであり、それゆえに援助頼む、と切実に訴えている。

　筆者は『概覧』掲載の趣意書原文「政論の方針に依て省長すべき補助金を以て此悠久不變の事業を確立せんと欲するは萬全を期するの道に非ざるを以て」の箇所に関心を惹かれた。行間を読みつつ思い切った意訳をすると、政権交代の影響を受けやすい国庫補助にあまりに頼るのは危険、政府なんぞあてにならん、だから基本金を募るのだ、と吐露しているようだ。名和靖にこう言わせたのは、大正政変、シーメンス事件と内閣が二代続けて激しい政治闘争によって倒閣された当時の騒がしい世情もあろうし、3節から6節で述べたように、名和昆虫研究所は国庫補助を受けるまでに、帝国議会や政府に翻弄され続けた苦い経験があるからだろう。名和のこの危惧はやがて現実のものとなる。

　これまでたびたび引用してきた『財團法人名和昆蟲研究所概覧』が、大正四（一九一五）年に編纂された理由は明らかである。『概覧』にたまたま「財團法人名和昆蟲研究所基本金募集趣意書」が挿入されているのではない。基本金募集のため研究所のこれまでの経緯や実績を訴え、趣意書を挟むことを第一の目

的として、『概覧』が作成されたのである。

●8――貧に屈することのない昆蟲翁

明治四四（一九一一）年、苦心惨憺ようやく国からの助成を実現した名和昆虫研究所であるが、事態は大正の終わりに一気に急変する。大正一四（一九二五）年一月、名和昆虫研究所は国庫補助打ち切りの通告を受けたとの記事を『昆蟲世界』に掲載した（『昆蟲世界』二九巻三三〇号）。理由は政府の行財政整理による農商務省の財政難。予算縮小となれば、生き物関連予算が真っ先に削られるのは今も昔も変わりはない。名和靖の「政局に左右されやすい国の予算に依存するのは危険」との懸念は不幸にも的中したのだ。「當研究所としては可なり大なる痛手なりとす」と『昆蟲世界』は落胆を隠せなかったが、名和靖にはこの緊急事態に対処する時間はもはや残されていなかった。名和は翌大正一五年八月三〇日午後一時一〇分に逝去する（『昆蟲世界』三〇巻三四九号）。

仮に名和があと一〇年存命していたらどうだったであろうか。彼の活動意欲が経営難を理由に意気消沈したとは思えない。名和には国の支援なしに明治末までの一五年間、研究所を維持発展させてきた才覚と強固な意思があった。最晩年の著『昆虫翁白話』掲載の「貧乏が幸福」との小話がある。名和家は貧しく冨家の友人と行動をともにできなかったからこそ、名和靖は自然を愛し今日の昆蟲翁になり得たのである、と。研究所経営に四苦八苦しても、名和の昆虫学に対する意欲は終生決して減じることはなかった。名和が世間から岐阜県二大篤学家の一人と称されたのも（明治四三年九月一〇日付東京朝日新聞）、貧乏を少しも苦にしない彼の心意気あるがゆえである。

現在の名和昆虫博物館のウェブサイトによれば「害虫駆除研究の公的な機関が充実してくるにつれ、（財団法人名和昆虫研究所は）その主な役割を一般昆虫の啓蒙普及へと移し、現在では付属施設である名和

昆虫博物館を中心に活動をし続けています」とある。名和靖が設立した財団法人名和昆虫研究所は研究機関および害虫駆除技術指導機関としての役割を終えたのだ。雑誌『昆蟲世界』も戦後間もなく廃刊となった。

しかし、名和靖の精神は美濃飛驒の地に力強く根付いた。平成二七（二〇一五）年『岐阜県昆虫目録（改訂版）』の発刊は県や市の補助をまったく受けることなく、岐阜県内の昆虫愛好家諸氏によって成し遂げられた一大業績である。「たとえ行政の支援が得られなくても己の信念に従い昆虫学普及に邁進するだけ」。名和靖の遺志は、今も岐阜県の彼の後輩の昆虫愛好家たちに脈々と受け継がれている。

終章　総括――華族動物学者たちの評価

本書では、第一章から第七章まで、帝国議会に籍を置いた、三島弥太郎、黒田長禮、蜂須賀正氏、中川久知、鷹司信輔、高千穂宣麿、田中芳男の七人の華族動物学者の生涯を描いた。第八章と第九章は番外編的な扱いの章であり、前者では子爵家の生まれで、生涯在野の蝶類学者の仁禮景雄、後者では平民の民間昆虫学者の名和靖と帝国議会との関係を取り上げた。最終章では、三島から田中までの七人の華族学者議員たちの動向から見えてくるものを総括して、本書を閉じたいと思う。

なお、筆者は高校在学以来、理系一筋の人生である。それゆえ正規の史学教育をまったく受けていない。近代史の要素が強い本書のベースとなった諸論文は、すべて独学の成果である。プロの歴史学者の方々から見れば、多々至らない点もあろうかと思う。そのあたりは存分にご批判いただければ幸いである。

●1――どの生き物を研究対象にするかはカネで決まったか？

蜂須賀正氏がアフリカや東南アジアで探検を敢行したのは第三章で述べた。蜂須賀のように家を傾けるほどの散財をしなかったとはいえ、黒田長禮もまた海外鳥類調査の経験があり、好きな研究に没頭することができた。一方、昆虫学者の高千穂宣麿と中川久知は、庶民からすれば金持ちの部類に属しただろうが、華族としては慎ましい生活を送った。第八章の在野の蝶類学者の仁禮景雄になると、その生活水準は、普

通の公務員とさほど変わらなかっただろう。海軍大臣仁禮景範子爵・海軍中将の四男の景雄は若い頃から病気がちだった。成人後は姉の夫である斎藤実海軍大将（二・二六事件で殺害された首相経験者）の厄介になりながら、在野で蝶の研究を続けた。景雄は華族として生を受けたが、肝心の仁禮子爵家が農場経営や塩田経営に失敗したため、金銭的に恵まれていたわけではなかったのである。

黒田、蜂須賀、鷹司らの富裕な公侯爵の鳥類学者。一方、質素な生活を余儀なくされた高千穂男爵や、無爵位の中川と仁禮らの昆虫学者。どうも持っているカネの量と爵位の高低で、研究対象が鳥類と昆虫とに分けられているように見えるが、これは偶然であろうか？

筆者はそうは思わない。黒田長禮らが鳥類学者となった時代、日本から新しい鳥類を続々と発見する時代は終わっていた（第二章参照）。先人たちによって、日本にどんな種類の鳥がいるかはおおよそ調べ尽されていたからである。分類学の用語でいうと、「種レベルの分類は終わっていた」のだ。となると、動物学上の新しい発見を求める、また珍しい鳥類の剝製標本を入手したければ、勢い外国産の鳥類に手を伸ばさざるをえない。当然、それにはカネがかかる。そもそも、鳥類学は自分で鳥を撃つにせよ、剝製にするにせよ、もしくは国内外から標本を買うのも、とにかくカネがかかる（井田『鳥学の１００年』）。多くの剝製を保管するには広大なスペースが必要だ。黒田や蜂須賀らは大金持ちであるがゆえに、鳥類学の世界に足を踏み入れることができたのである。

一方、高千穂、中川、仁禮はそんなにカネを持っていない。しかし、研究対象が昆虫であれば、身近な環境でたくさんの種の標本を自身で集めることができる。第一、地球上の生き物の半分以上は昆虫なので、種数は鳥類とは比べ物にならないほど多い。一生かけても、自分が住む県の昆虫すべてを集めきることすらできないのだ。よって、高千穂や中川が生きていた時代は無論、二一世紀の現代ですら、「日本に昆虫は何種類いるか？」との質問に正確に答えられる人はいない。まだまだ未知の種がいるからである。筆者

が一七〇種もの新種の昆虫を発見できているのは、別に分類学者として優秀だからではない。最初から新種がたくさん見つかりそうな昆虫のグループを研究対象に選んだだけの結果である。

さらに、昆虫は鳥獣とは異なり、標本にするのに手間暇とカネはそんなにかからない。針に刺せばよい。そして、小さい昆虫は、標本にした後もそれほど場所を取らない。だから下宿生活の大学生でも、細々ながら昆虫の調査を行うことができる。

一言でいえば、昆虫は鳥類とは異なり、カネをじゃぶじゃぶ使わずとも、分類学の新発見を積み上げられる学問ではある。高千穂と中川が昆虫を研究対象に選んだのは、彼らの趣味嗜好もさることながら、金銭的事情も反映しているはずである。高千穂は鳥獣の狩猟を嗜んだ。ここで、彼がお世辞にも富裕とはいえない高千穂家に養子に行かず、生家の徳大寺侯爵家の跡取りとなっていたと仮定しよう。その場合、高千穂は狩猟を単なる趣味の域には終わらせず、本格的に鳥類学の道に進んだかもしれない、と考えるのは憶測がすぎるだろうか？

●2――金持ち貴族の昆虫コレクターを輩出できなかった近代日本

欧州の博物学に大きく貢献したのは、大金持ちの貴族や商人である。大航海時代以降、物好きの金持ちたちは世界中から、珍しい生物標本をさかんに収集した。そして、莫大な標本が集積されたがゆえに、欧州では分類学が花開いた側面がある。明治時代に、日本の昆虫標本を積極的に集めた英国人のジョージ・ルイスも茶の貿易商として成功を収め、その富を元手にしたからこそ、アジア各地から多くの昆虫標本を集められたのである（草間「ジョージ・ルイスの足跡について」）。日本は今なお世界第三位の経済大国であるものの、こと分類学の分野においては、英独仏の三大国はもちろんのこと、欧州の中小国にすら遠く及ばないのだ。

日本では鳥類学者の山階芳麿侯爵が、多くの鳥類の剥製標本を収集した。その標本は、現在の山階鳥類研究所の根幹所蔵資料となった。蜂須賀正氏が入手したドードーの骨も、同研究所に保管されていることは第三章で述べた。彼らの鳥類コレクションは欧州の大富豪には及ばないにしても、近代の我が国にも金持ち鳥類コレクターはとにかく存在した。

一方で、近代日本からは金持ち昆虫コレクターは輩出しなかった。なぜだろうか？　単なる巡りあわせだろうか？　筆者はそうは思わない。コレクターが動物学に興味を持った場合、たいていはまず哺乳類か鳥類、つまりかわいい生き物、かっこいい生き物に最初に愛着を抱きやすい。そして、金持ち貴族ならその財力を背景に、海外から珍しい鳥獣標本を集め始める。黒田長禮や蜂須賀正氏がその好例だ。

さらにコレクターたちは洋の東西、大陸の新旧、半球の南北を問わず、業が深い。コレクターは誰もが持っていないモノを持ちたがるし、その筋で一目置かれたいとも考えるようになる。となると、動物標本コレクターの世界の場合、先発組は見栄えの良い鳥や哺乳類を集める。世間が小鳥や猛獣の剥製を持ってない段階で、アリやクモの標本を収集する物好きはまずいない。こうして先発組は鳥や哺乳類コレクターの世界で名を馳せることになる。

一方、後の時代に生を受けたコレクターは、鳥や哺乳類の収集では先発組となかなか肩を並べられないことに気づく。現在の切手収集の業界を想像してみればよい。大富豪の家にでも生まれれば別だが、平成令和世代の一般家庭の切手好きが、業界で注目されるコレクターになるのはまず不可能である。名うてのコレクターがすでに業界に君臨し、カネにあかせて面白い切手を収集しきっているからだ。よって、後発組のコレクターがそれぞれの国で名を成そうと思えば、切手とは違うマイナーな品の収集に走る方がよほど楽なのである。

欧州は大航海時代が約二世紀あり、さらにその後の第二次大戦終了までの帝国主義の時代も加えると、

合計五世紀もの間、世界中から自然産物を収集し続けた。だから、正統派コレクション対象の鳥や哺乳類だけでなく、世界中の虫を収集する、次世代の異端派コレクターも誕生する時間的余裕があった。たとえば、一九世紀後半の英国の大富豪のライオネル・ウォルター・ロスチャイルドは、鳥類だけではなく、蝶と蛾を中心とした、とてつもない昆虫コレクションを作り上げた。このように蝶やカブトムシのような目立つ虫はもちろんのこと、肉眼では姿形がよくわからない体長数ミリの虫の標本さえ、欧州にどしどし運ばれた。幕末日本が開国か鎖国かで国論が二分されている頃、欧州ではすでにケシ粒のような昆虫の分類研究すら進んでいたのである。

筆者は、大金持ち貴族の昆虫コレクターが近代日本に生まれなかったのは、日欧の民族性の違いというよりは、単に時間切れである、と見ている。仮に華族制度がその後も続いていたなら、「鳥類標本で黒田さん、蜂須賀さんらの先輩方と勝負するのは無理だ。ならば自分はアジアの昆虫を徹底的に集めてやる」と思いつく、次世代の昆虫好きの富裕華族が輩出していたかもしれない。金持ち貴族昆虫コレクターが輩出するには、日本の近代八〇年はあまりに短すぎたのである（注①）。

●3——帝国議会議員としての通信簿：華族動物学者の貧弱な政治力

最後に、三島弥太郎、黒田長禮、蜂須賀正氏、高千穂宣麿、中川久知、鷹司信輔、田中芳男の七人の華族動物学者たちの帝国議会議員としての働きぶりを採点してみよう。

貴族院の有力議員だった三島弥太郎は七人のなかで別格の存在である。彼の昆虫学の知見が議員活動に生かされることはほとんどなかったが、裏方として日本の昆虫学を支えたことは第一章で述べたとおりだ。

黒田長禮と蜂須賀正氏は、帝国議会議員としては落第である。彼らは何も仕事をしていないに等しい。そして、サボリ癖があった蜂須賀の場合は、議員としての自覚を欠き、その落第度は黒田より大きいと厳

しく許せざるをえない。

鷹司信輔と田中芳男は、派手さはないが十分に合格点である。鷹司は義務として公爵議員をさせられていたが、その人柄と家柄ゆえか、しばしば特別委員会の委員長に選出され、堅実に委員会の議事進行役を務めた。田中の場合は、長い官僚経験を活かし、法案審議に大きく貢献したことは第七章で明らかにした。

高千穂宣麿は、議会の場で博物学の見識を生かし、委員会でもしばしば先見の明を見せた。彼が議会の場で訴えた国立研究機関の充実や国立自然史博物館設置は非常に興味深く、貴族院議員時代に見せた卓見は、科学史観点から再評価されるべき人物である。ただ、実際の法案成立への寄与はほとんどゼロであることから、高千穂の議員活動の評価は、まあ及第点といったところだろうか。最後の中川久知は議員生活があまりに短かったので、議員としての評価は判定不能と申し上げておく。

以上が七人の貴族院議員としての筆者採点の通信簿である。華族動物学者たちは個々高い学識を持っていたが、三島弥太郎を除くと、それを生かすだけの政治力を欠いていたことに触れないわけにはいかない。ここで、国立自然史博物館設置構想を例にとってみよう。前述のように、高千穂宣麿は博物館を建設すべしと、時代の先を行く卓見を持っていた。しかし、彼は叔父の西園寺公望から、有力政治家の原敬を紹介してもらい、原に自然史博物館設置の実現を働きかけることも可能であったはずだが、一切していないようだ。『原敬日記』に高千穂宣麿の名前は一切出てこないからである。結局、高千穂は己の見識の実現に努力することはなく、その発言は放言で終わった（第六章）。鷹司信輔は遠回しながらも国立博物館建設を議会の場で訴えたことがあるが、その主張は迫力を欠いた（第五章）。蜂須賀正氏は自説を披露する機会がありながらも、博物館設置請願を傍観したことは第三章で述べたとおりだ。黒田長禮は著作を見るかぎり、日本の博物館が欧州諸国に劣るとの危機感を持っていたことがわかるが、かといって彼が議会の場で博物館充実を訴えることはなかった。

学者と呼ばれる人間は、いつの時代でも政治は無理だし、そもそも政治に携わることを望んでいないのだろう、というのが、筆者の当たり前すぎる結論である。

注

序章

注①　「博物学」との単語を『広辞苑』（第三版）で引くと、「動物学・植物学・鉱物学・地質学・古生物学などの天然物の記載やその歴史を主目的とする分野の旧称。自然史」と出てくる。となると、鳥、哺乳類、草花、昆虫などなど、自然界の生物を研究する学者はすべて博物学者と呼べるはずだ。しかし、高千穂宣麿や田中芳男を博物学者と形容することはよくあるものの、鷹司信輔や蜂須賀正氏の肩書は鳥類学者であって、二人を博物学者とはあまり呼ばない。これは一体どういうことなのであろうか？

実は、生物系学者を「博物学者」と形容する場合、幅広い生き物を扱っている学者とのニュアンスを持つことがある。たとえば、博物学者と呼ばれる高千穂宣麿は、両生類や昆虫類の研究論文を発表していることに加え、タカチホヘビを採集した最初の日本人であるし、猟銃の腕前もなかなかで、鳥類の知識も相当あった。博物学者との称号は、良く言えば多くの生き物に精通した学者、悪く言えばどれもこれも中途半端で、「昆虫学者」「哺乳類学者」とは呼べないから、仕方なく「博物学者」にしておこう、との場合に用いられる場合がある。一方、鷹司と蜂須賀の研究対象はほぼ鳥類一本槍なので、普通は彼らを博物学者とは呼ばない、ということなのである。

現在、生物学の世界は良くも悪くも分野が細分化しており、一人の研究者が、哺乳類も爬虫類も昆虫も研究対象にすることはほぼなくなった。よって、博物学との単語は死語になりつつある。

注②　小田部『華族』は、仁禮景雄を男爵としているが（一四四頁）、これは間違い。仁禮景雄が分家後に男爵の爵位を授爵した事実はない。

注③　旧諸侯の大・中・小の格付けは、明治二年に各藩から申告された租税収入に基づく分類であって、領内の穀物全生産量ではない。よって、仮に江戸期に石高が二〇万石以上の大大名であっても、明治初年時に租税収入が一五万石未満であれば、大藩とはみなされなかった（浅見『華族誕生』）。六二万石の仙台伊達家が侯爵になれなかったのは、戊辰戦争で賊軍となり領地を大幅に削減され、その削減後の租税収入から伯爵相当とされたからである。

注④　横浜国立大学名誉教授で、筆者の恩師にあたる青木淳一博士の祖父は、貴族院の有力議員の青木信光子爵であった。筆者は青木博士に「戦前『次の貴族院選挙では何卒拙者をご推薦願います』と信光に頭を下げに来た来客がいたか？」と問うたことがある。残念ながら、青木博士にその手のご記憶はないとのこと。

第一章

注①　谷干城は、反対演説のなかで、英国の馬飼養状況を引き合いに出した。馬を大事にする英国とは対照的に、日本は馬に対する扱いが過酷であると述べている。谷の動物愛護思想に基づく発言は、筆者には興味深く感じられるが、本

書とは直接関係がないので、これ以上深入りはしない。

第二章

注① まったくの余談ながら、筆者が新種として発表した土壌性甲虫は約一七〇種なので、数的には黒田長禮に並んだことになる（ちょっと嬉しい）。

注② ミヤコショウビンの剝製標本は、今も山階鳥類研究所に残っている。にもかかわらず、その実在性が疑問視されているとはどういうことか？　ミヤコショウビンはその名が示すとおり、かつて沖縄県宮古島に生息していたとされる鳥類だ。ミヤコショウビン発見のもととなった標本は、田代安定氏によって採集された。この標本を入手した黒田は、田代に標本を採集年と場所を問い合わせ、「明治二〇年八重山諸島宮古島」との回答を得た。このような経緯により、ミヤコショウビンは宮古島から記載された新種の鳥類となったが、その後同島から一切見つかっていない。森岡弘之氏は「ミヤコショウビンとされる剝製標本は、田代が宮古島ではなくグアムで入手したもの」と推定している。つまり、ミヤコショウビンなる鳥類は、そもそも最初から宮古島に存在しなかった、というのが森岡説である（森岡「ヤンバルクイナとミヤコショウビン」）。

注③ 戦後、九州大学彦山生物学研究所勤務だった故黒子浩博士（元大阪府立大学教授）は、筆者の「研究所の剝製標本の採集ラベルにあるT. Takachihoとは高千穂俊麿」説に真っ向から反対された。その理由は、（1）高千穂俊麿氏が狩猟を嗜んだなどと聞いたことがない、（2）『T.』とは高千穂宣麿のお妾さんで、動物好きだった徳子さんのことだろう、とのこと。筆者は故黒子博士に「モグラ程度であれば、徳子さんが道端で偶然死体を拾って研究所に届けた可能性はあろう。しかし、女性がキツネを捕獲したなどとありえるだろうか」と反論したが、黒子先生は「徳子さん自身が撃ったのではなくとも、彼女は猟師の方々と付き合いがあったから、そのつてで死骸を入手したとも考えられる」と最後まで納得されなかった（拙文「追悼黒子浩先生「高千穂採集標本」をめぐる謎」）。

もちろん、筆者としては今も「T. Takachiho＝高千穂俊麿説」を推しているのだが、何と言っても黒子先生は高千穂俊麿と徳子両氏に直接面識があった。したがって、「お前は高千穂俊麿氏と徳子さん両名に実際に会ったことがあるのか？　あるはずもないお前の言説よりも、黒子先生の推察の方が正しいに決まっている」と言われると、筆者としては返す言葉がない。

注④ 現在の日本では、ハネナガチョウトンボとベッコウトンボは種の保存法の国内希少野生動植物種に指定され、採集は禁止されている。このように絶滅の恐れありとの理由でトンボの捕獲が禁止されることはあるが、益虫であるとの理由で殺傷が法的に禁止されることはない。実際に、普通種のトンボまで法律で採集を規制するのは、令和の現在でも現実的ではない。

しかし、審査未了となったとはいえ、昭和一八年にトンボ採集禁止法が帝国議会に請願されたことは、注目に値する。請願は帝国議会議員の紹介が必要である以上、あまり

に荒唐無稽な案件は容易に持ち込まれない仕組みになっている。つまり、戦時下の当時、食糧増産のためにトンボの殺生を全面禁止にせよ、との主張が多少なりとも説得力を持った。トンボ保護の歴史を考えるうえで、興味深い事実ではある。

注⑤　もちろん、議会に欠席したことをサボりとは断定できない。体調不良や家の事情、その他諸々の可能性はあるだろう。

第三章

注①　戦前に日本に導入されたコウライキジは、現在も北海道と対馬には定着している。また他地域でも飼育個体が逃げ出した事例があるとのこと（高野『日本の野鳥』）。

注②　「献名」とは分類学の用語で、生物の学名を人物名から付けることをいう。その人物が男性の場合は末尾に「—i」を、女性の場合は「—ae」ないしは「—e」を付けるのが普通である。今回の場合、蜂須賀茂韶に献名したので、*hachisukai* となったわけである。献名は名字でないと不可とのルールはないので、たとえば下の名前の正氏から *masaujii* と命名しても問題はない。

　なお、筆者は幕末から昭和戦前期の歴史上の人物を昆虫の学名にする性癖がある。これまで、井伊直弼、土方歳三、原田左之助、西郷隆盛、橋本左内、島義勇、永山弥一郎、榎本武揚、神田孝平、河野広中、杉田定一、秋山真之、大田実、牛島満などを学名にしたことがある。

注③　筆者はここで引用した蜂須賀正氏の履歴書の原文を見ていない。参議院事務局によると、貴族院議員の履歴書は原文の閲覧ができず、事務局が書き写したものをPDF化して閲覧希望者に送付するとの形をとっている。ただ、史学研究者によれば、自身が見ていない、第三者作成の複製史料の活用は躊躇いがあるとのこと。

注④　余談。コウノトリの餌集め大作戦の時は、越前市の奈良市長が激励に訪れた。つまり、市長は野生動物への餌付けを公認したのだ。よって、仮に今後越前市内の小学校が、校庭にタヌキを呼びたいと給食をばら撒いても、越前市役所に咎める権利はない。コウノトリへの餌付けは良いが、タヌキはダメとの論理的整合性は取れないはずだ。

　また、コウノトリの保護を進める兵庫県豊岡市の中貝宗治市長は、自宅に営巣したツバメのヒナを狙うヘビを箒で叩き落したそうだ。これは、平成二六（二〇一四）年五月二五日号の『豊岡市広報』に書かれているのだが、まったくもって恐ろしい話である。コウノトリを中心とした里山保全を前面に打ち出す豊岡市長および市役所は、可愛いツバメのヒナを守るためには、不細工なヘビなんぞ追い払ってもよい、ヘビが餓えても知ったことではないと公言しているわけだ。これもまさに「鳥あるを知って自然あるを知らず」の典型的な一例である。

注⑤　九州大学大学院農学研究科で博士号を取得した筆者は、江崎の孫弟子に当たる。よって、江崎に対してはどうしても贔屓目で見がちである。

注⑥　本文に書いたように、国立自然史博物館設置を求める請願自体は採択されたが、建設には至らなかった。それから

七〇年後、日本学術会議科学者委員会の「学術の大型研究計画検討分科会」は、平成二六（二〇一四）年二月二八日付『第二二期学術の大型研究計画に関するマスタープラン』で国立自然史博物館の建設を提言した。筆者が所属する動物学系学会でも、国立自然史博物館設置を求める声は強いが、令和三年時点でも実現していない。

筆者個人は国立自然史博物館の建設に大賛成であるが、仮に今、文部科学省がその予算請求をすると、財務省その他から「既に国立科学博物館があるじゃないか。それとどう違うのだ？」との異論が出ることは予想がつく。第七四回帝国議会の請願委員会で、その問答がすでに行われていることを鑑みると、国立自然史博物館の設置には財務当局を納得させられる、強い理屈付けをしないと実現しない、との思いを強くした。なお、第七四回議会で、自然科学系学会が一致団結して、国立自然史博物館設置を求める請願を行ったことは科学史上の重要な出来事である。

注⑦　学者貴族院議員の全員が、やる気がなかったわけではない。たとえば、物理学者で、学士院選出の貴族院議員だった田中館愛橘（一八五六―一九五二）は、その学識を十二分に生かし、帝国議会で活発に発言している。

第四章

注①　久知の板倉家の家督を相続した日付は『華族履歴』にしたがって記述した。しかし、竹田市教育委員会編『博物学者中川久知年譜』では、明治一〇年一一月二日「為板倉種入夫」、同一一月一三日「家督」とあり、『華族履歴』記載の月日と微妙に異なることを付記しておく。本書では一応『華族履歴』記載の月日を採用したが、筆者が『華族履歴』の数字の方が正しいとの何かしらの根拠を持っているわけではない。

注②　中川がいったんは板倉家に入るも離縁されて中川家に戻ったことは、直入郡教育会編『直入郡志（復刻版）』収録の中川の略伝では一文字も言及されていない。中川を顕彰するうえで好ましくない事項と判断され、意図的に書かれなかったのであろうか。

注③　現在の東京大学総合研究博物館には中川久知採集のチョウの標本が保管されている（矢後「『昆虫展』展示報告」）。しかし、同博物館の矢後勝也博士によれば中川採集の標本の数は決して多くないとのこと。

注④　現在の科学的知見で、過去の行為を批判するのは無意味である。しかし、渡瀬庄三郎のマングース放獣によって、琉球列島の生物多様性が甚大な被害を被ったことは厳然たる事実だ。その他、渡瀬はウシガエルの養殖も提唱しており、結局のところ、特定外来生物ウシガエルを生み出す原因となってしまった（川井『ザリガニの博物誌』）。渡瀬の動物学者としての功績は功罪両面から再評価する必要がある。

注⑤　従来日本に導入されたマングースはジャワマングースの一亜種とされてきたが、近年その亜種が独立種へ格上げとなった。それを受け、山田ら『日本の外来哺乳類：管理戦略と生態系保全』は日本に定着したマングースをフイリマングースとの和名で扱っている。平成二五（二〇一三）年

九月一日施行の政令でフイリマングースは特定外来生物に指定された。それまで琉球列島に野生化しているとされていたジャワマングースは分類体系の変更により現在日本に定着していない哺乳類となったが、引き続き特定外来生物の指定を受けている。

注⑥　大日本帝国憲法第八条の天皇大権の一つとして、緊急の必要によって帝国議会閉会時に法律に代わる勅令を発する権が定められていた。「明治三十六年勅令第八號」は元々法案として提出されていたが、審議中に議会解散そして審議未了となったため、廃案となった法案が緊急勅令として制定されたものである。しかし、天皇は緊急勅令制定権を有するが、勅令は次の会期の帝国議会に提出し事後承諾を求めなければならず、もし議会が承諾しなければ、その効力は失われるものと定められていた（大江『張作霖爆殺』）。

注⑦　前述のとおり中川は明治三五年の総選挙で落選しているし、また明治三六年の当選時も六人中五位だったから「格別の競争もなく当選」とは明らかに言い過ぎである。

第五章

注①　同じ鳥類学者の蜂須賀正氏も「度量衡制度調査会設置ニ関スル建議案」の賛成者に名を連ねている。欧州渡航経験の豊富な蜂須賀が、なぜメートル法を潰しかねない建議案の賛成者となったのか、その点は不思議である。もっとも、政治や議会に徹底無関心の蜂須賀は、他の議員から「建議案の賛成者に入ってくれ」と頼まれると、断ることすら面倒に感じ、「はいはい、自由に僕の名前を入れといてくださってもいいですよ（本心：どうでもいいや）」と投げやりに答えただけなのか？

第六章

注①　「ひこさん」の漢字表記は「彦山」「英彦山」との二種がある。名称として古いのは彦山であるが、江戸中期に英彦山となり、以降「英彦山」の三文字表記の方が一般的となった。もっとも、ＪＲ九州の彦山駅や日田彦山線、九州大学農学部附属彦山生物学実験所など、現在でも「彦山」の表記は一部で残っている。

注②　当時の地方の官弊社の宮司が、適当な理由をでっちあげて、職場を離れて上京したのは、何も高千穂宣麿だけではあるまい。一応、彼のために弁護しておく。

第七章

注①　並松信久氏は「明治日本が設立した博物館は、所管が文部省、博覧会事務局、内務省、農商務省、宮内省を移行した。そのたびに博物館の方針の転換を余儀なくされた。現在、日本の博物館は量的には多くなったものの、質的には欧米に比べて貧弱である。その原因として、博物館行政が連続性に乏しく、一貫性を欠いた歴史にある」と指摘している（「近代日本における博物館政策の展開」）。たしかに明治初期の田中の博物館関連の職歴を見ると、文部省博物局掛（明治四年）、内務省博物館掛（明治八年）など、奉職している省が頻繁に変わっている。田中は、明治期の博物館行政が変遷を繰り返した生き証人とも言える。

注② 辻新次は出身地といい経歴といい田中と被る部分が多い。田中「新資料　田中芳男自筆『田中芳男履歴年表』解説と翻刻」からも田中と辻の間に交流があったことがわかる。ただ、明治四三（一九一〇）年一〇月の辻新次の銅像建設発起人の中に、田中の名前がないことが、やや気がかりか（安部『男爵辻新次翁傳』）。

注③ 田中義信『田中芳男十話　田中芳男経歴段』によると、みやじましげるの伝記は間違いが多いという。

注④ 帝国議会各回の議事速記録を概観すると、田中が発言しそれを谷が支持、逆に谷の主張を田中が援護、といった場面が少なくないことに気付く。土佐藩出身で陸軍中将の谷と田中では出自がまったく異なるが、議会の場では良いコンビを組んでいた。谷は足尾銅山鉱毒問題に真摯に取り組んだ議員の一人であるが（小林『谷干城』）、足尾銅山に関連した請願でも田中は谷を援護したことがある。

注⑤ この衣笠大臣（一一九二―一二六四）の和歌は日本木綿栽培・流通史で「いかに綿の栽培が技術的に難しかったか」を語る際に事例としてよく出されるものらしい（たとえば、松尾「木綿織物の受容過程と柳井稿に関する一考察」）。

注⑥ 田中芳男がなぜ「水産業ノ保護ニ關スル建議案」の賛成者に入っていないのか、訝しむ声があった。そこで田中はその誤解を解くためにわざわざ登壇して、賛成の演説をしたという（明治二五年五月二日付東京朝日新聞）。田中が建議案賛成者から漏れたのは、単に発議者からの連絡がうまくいかなかった等のアクシデントによるものか。

注⑦ みやじましげる『田中芳男傳』は、「官吏時代、田中は政治にタッチしなかった」と記す。とにかく政治とは徹底的に距離を置くことが旧幕臣の田中の処世術であったか。

注⑧ 花房義質の回顧談によると、明治一〇年頃には、花房と田中の間に交流がすでにあったことがわかる（黒瀬『子爵花房義質君事略』）。そし、この両名の仲の親密さは、新聞に掲載された田中の死去広告で友人総代として花房の名が記されていることからも明らかである（大正五年六月二三日付東京朝日新聞）。宮内次官にまでなった花房が親友であったことは、田中の弟子の名和靖が明治四一（一九〇八）年、皇族に蝶蛾鱗粉転写標本を献納する際に有利に働いた（拙文「明治40年代『名和靖日記』」）。

第八章

注① 筆者は現在、編纂中の日本産昆虫目録に関わっている。具体的にはガムシ科、タマキノコムシ科、ハネカクシ科の目録の著者となる予定である。

注② 仁禮コレクションは景雄の死後、まず東京帝大に寄贈され、その後九州帝大へ移管された。そして現在に至る過程のどこかで余人の手が入っており、仁禮の蒐集標本の原形を完全には留めていないことは明らかだ。たとえば、彼の死後一〇年後に捕られた台湾産キシタアゲハ二頭が仁禮コレクションの標本箱の一角に収まっているのである。誰かが仁禮死後にキシタアゲハをコレクションに加えたのである。

　また、仁禮コレクションの標本のラベルに記された地名

は「追分」「FORMOSA」などと漢字とローマ字表記が混在しており、統一性はまったく見られない。北海道音更村でほぼ同じ時期に捕れた標本でも「Otofuke」「音更」と二通りの表記が存在する。

しかし、最大の問題は、彼のチョウ類標本のほぼすべてが、採集者と地名、採集年月日の標本データ三大要素が揃って記されていない点にある。そもそもラベル自体が存在しないものも少なくない。「2. iii. 1915 POLISHA FORMOSA COLL. K. NIRE」のようなラベルが一番まともであるが、最後の「COLL. K. NIRE」との文言は仁禮景雄コレクションであることを示すものであって、仁禮本人が網を振るって採集したことを保証するものではない。

仁禮の死後に故白水隆博士が仁禮コレクションのチョウ類標本を使って論文にした際も、採集データについては「仁禮景雄氏蒐集品」と記しており、使用チョウ類標本の採集者の特定を避けている。この点については、仁禮自身が一連の論文中で「著者所蔵標本」というように曖昧な表現を繰り返していたので、故白水博士の処置はやむをえないものであっただろう。

注③　仁禮景雄は、義兄の斎藤朝鮮総督に平壌の蝶の送付を依頼したことがある（「斎藤実関係文書」）。ただし、景雄の要望が実現したかは不明である（拙文「蝶類學者仁禮景雄先生小博」）

第九章

注①　『財團法人名和昆蟲研究所概覧』は、国立国会図書館にすら所蔵がない希少資料で、公的機関で保管しているのは名古屋大学図書館だけである。同大学所蔵『概覧』の表紙裏には「東京帝國大學農科大學　名和研究所　寄贈」との記載がある。どのような経緯で東大から名古屋大に所蔵が移ったのかは不明。なお、私立名和昆虫博物館にもこの『概覧』の残部がある。

終章

注①　筆者は以前より「日本人は世界随一の虫好き民族」との通説に疑念を抱いている。その理由の一つとして、欧州では富裕な昆虫コレクターが輩出したが、近代日本には生まれなかったではないか、本当に日本人は虫好き民族と胸を張れるのか、というものである（拙文「アキバ系文化蝶類学」）。ただ、本文中で述べたように、近代日本で金持ち昆虫コレクターが生まれなかったのは、八〇年の短い時間では鳥類と哺乳類の収集で手一杯であり、昆虫まで手が回らなかっただけと見る方が正しいかもしれない。

参考文献

未刊行資料

「便乗（2）」（ＪＡＣＡＲ（アジア歴史資料センター）Ref. C06092338300、防衛省防衛研究所）

「男爵高千穂宣麿犯罪処分ノ件」（公文雑纂・明治二十二年第十一巻、司法省一、国立公文書館所蔵）

「花房義質関係文書」（国立国会図書館憲政資料室収蔵）

『華族履歴』（宮内庁書陵部公文書館所蔵）

「川崎造船所ノ諸機械類附属品輸入方ニ関スル件及『モリソンスフワーネス』同上」（ＪＡＣＡＲ（アジア歴史資料センター）Ref. B11100579600、外務省外交史料館）

「貴族院議員履歴書」（参議院所蔵）

「三島弥太郎関係文書」（国立国会図書館憲政資料室所蔵）

「齋藤実関係文書」国立国会図書館憲政資料室蔵）

『社務日誌』（英彦山神宮所蔵）

市川兼恭『浮天斎日記』（東京大学史料編纂所所蔵）

名和靖『名和靖日記』（名和昆虫博物館所蔵）

佐藤乾八（橋本熊二記録）「明治十六年高千穂家養子御縁組ニ付上京日記」（高千穂秀敏英彦山神宮宮司所蔵）

資料集

『第二九・三十回議會帝國議會貴族院委員會會議録二』（臨川書店、一九八一年）

『元老院會議筆記　後期第十八巻』（元老院会議筆記刊行会、一九七四年）

『元老院會議筆記　後期第二四巻』（元老院会議筆記刊行会、一九八〇年）

『神道人名辞典』（神社新報社、一九八六年）

『明治期帝国議會貴族院委員會會議録五』（臨川書店、一九九五年）

『明治期帝国議會貴族院委員會會議録八』（臨川書店、一九九五年）

『明治期帝国議會貴族院委員會會議録十五』（臨川書店、一九九五年）

『明治期帝國議會貴族院委員會會議録二四』（臨川書店、一九九六年）

『明治期帝國議會貴族院委員會會議録二八』(臨川書店、一九九六年)
『帝國議會貴族院議事速記録四』(東京大学出版会、一九七九年)
『帝國議會貴族院議事速記録六』(東京大学出版会、一九七九年)
『帝國議會貴族院議事速記録七』(東京大学出版会、一九七九年)
『帝國議會貴族院議事速記録十』(東京大学出版会、一九七九年)
『帝國議會貴族院議事速記録十一』(東京大学出版会、一九八〇年)
『帝國議會貴族院議事速記録十七』(東京大学出版会、一九八〇年)
『帝国議會貴族院議事速記録十八』(東京大学出版会、一九八〇年)
『帝國議會貴族院議事速記録十九』(東京大学出版会、一九八〇年)
『帝國議會貴族院議事速記録二五』(東京大学出版会、一九八一年)
『帝國議會貴族院議事速記録二九』(東京大学出版会、一九八一年)
『帝國議會貴族院議事速記録三五』(東京大学出版会、一九八一年)
『帝国議會貴族院議事速記録五三』(東京大学出版会、一九八三年)
『帝国議會貴族院議事速記録五五』(東京大学出版会、一九八三年)
『帝国議會貴族院議事速記録五六』(東京大学出版会、一九八三年)
『帝国議會貴族院議事速記録五七』(東京大学出版会、一九八三年)
『帝国議會貴族院議事速記録五八』(東京大学出版会、一九八三年)
『帝国議會貴族院議事速記録五九』(東京大学出版会、一九八三年)
『帝国議會貴族院議事速記録六〇』(東京大学出版会、一九八四年)
『帝国議會貴族院議事速記録六一』(東京大学出版会、一九八四年)
『帝国議會貴族院議事速記録六二』(東京大学出版会、一九八四年)
『帝国議會貴族院議事速記録六三』(東京大学出版会、一九八四年)
『帝国議會貴族院議事速記録六四』(東京大学出版会、一九八四年)
『帝国議會貴族院議事速記録六五』(東京大学出版会、一九八四年)
『帝国議會貴族院議事速記録六六』(東京大学出版会、一九八四年)
『帝国議會貴族院議事速記録六七』(東京大学出版会、一九八四年)

『帝国議會貴族院議事速記録六八』（東京大学出版会、一九八四年）
『帝国議會貴族院議事速記録六九』（東京大学出版会、一九八四年）
『帝国議會貴族院議事速記録七〇』（東京大学出版会、一九八五年）
『帝国議會貴族院議事速記録七二』（東京大学出版会、一九八七年）
『帝国議会貴族院委員會議事速記録二四』（臨川書店、一九八七年）
『帝国議会貴族院委員會議録九』（臨川書店、一九八三年）
『帝国議会貴族院委員會議録十』（臨川書店、一九八三年）
『帝国議会貴族院委員會議録十九』（臨川書店、一九八七年）
『帝國議會貴族院委員會速記録十五』（東京大学出版会、一九八六年）
『帝国議會貴族院委員會速記録十九』（東京大学出版会、一九八七年）
『帝国議會貴族院委員會速記録　昭和篇七七』（東京大学出版会、一九九六年）
『帝国議會貴族院委員會速記録　昭和篇七八』（東京大学出版会、一九九六年）
『帝国議會貴族院委員會速記録　昭和篇九十』（東京大学出版会、一九九七年）
『帝国議會貴族院委員會速記録　昭和篇九三』（東京大学出版会、一九九七年）
『帝国議會貴族院委員會速記録　昭和篇百四』（東京大学出版会、一九九八年）
『帝国議會貴族院委員會速記録　昭和篇一一五』（東京大学出版会、一九九九年）
『帝国議會貴族院委員會速記録　昭和篇一一七』（東京大学出版会、一九九九年）
『帝国議會貴族院委員會速記録　昭和篇一一八』（東京大学出版会、一九九九年）
『帝國議會衆議院議事速記録十六』（東京大学出版会、一九八〇年）
『帝國議會衆議院議事速記録十七』（東京大学出版会、一九八〇年）
『帝國議會衆議院議事速記録十八』（東京大学出版会、一九八〇年）
『帝國議會衆議院議事速記録十九』（東京大学出版会、一九八〇年）
『帝国議會衆議院議事速記録二一』（東京大学出版会、一九八〇年）
『帝國議會衆議院委員會議録二五』（東京大学出版会、一九八七年）
『帝国議會衆議院委員會議録五六』（東京大学出版会、一九八九年）
『帝国議會衆議院委員會議録五七』（東京大学出版会、一九八九年）

※この他、議会における議事録は、「帝国議会会議録検索システム」(https://teikokugikai-i.ndl.go.jp/#/)を活用した。

文献資料刊行会編『(復刻)政友 四巻』(柏書房、一九八〇年)
飯田市美術博物館編『日本の近代化に挑んだ人びと―田中芳男と南信州の偉人たち―』(飯田市美術博物館、二〇一六年)
維新史料編纂会編『華族譜要』(大原新生社、一九七六年)
一般社団法人尚友会・内藤一成編『田健治郎日記第三巻(大正四年~六年)』(芙蓉書房、二〇一二年)
一般社団法人尚友会・広瀬順晧編『田健治郎日記第四巻(大正七年~九年)』(芙蓉書房、二〇一四年)
海軍兵学校編『海軍兵学校沿革』(原書房、一九六八年)
霞会館諸家資料調査委員会編『昭和新修華族家系大成　上巻』(霞会館、一九八二年)
霞会館諸家資料調査委員会編『昭和新修華族家系大成　下巻』(霞会館、一九八四年)
霞会館諸家資料調査委員会編『華族制度資料集』(吉川弘文館、一九八五年)
霞会館華族家系大成編纂委員会編『平成新修旧華族家系大成　上巻』(吉川弘文館、一九九六年)
霞会館華族家系大成編纂委員会編『平成新修旧華族家系大成　下巻』(吉川弘文館、一九九六年)
交詢社編『日本紳士録　第十七版』(交詢社、一九一二年)
交詢社編『日本紳士録　第二五版』(交詢社、一九二〇年)
宮内庁編『昭和天皇実録第一』(東京書籍、二〇一五年)
松田敬之『華族爵位請願人名辞典』(吉川弘文館、二〇一五年)
長野県立歴史館編『田中芳男―「虫捕御用」の明治維新　図録』(長野県立歴史館、二〇一七年)
酒田正敏編『貴族院会派一覧　一八九〇~一九一九』(日本近代史料研究会、一九七四年)。
白井勝美・高村直助・鳥海靖・由井正臣編『日本近現代人名辞典』(吉川弘文館、二〇〇一年)
衆議院事務局編『明治三六年五月編纂　衆議院要覧』(衆議院事務局、一九〇二年)
衆議院参議院編『議会制度百年史―院内会派編―、貴族院・参議院の部』(衆議院参議院、一九九〇年)
衆議院・参議院編『議会制度百年史　院内会派編、衆議院の部』(大蔵省印刷局、一九九〇年)
衆議院参議院編『議会制度百年史　貴族院・参議院議員名鑑』(衆議院参議院、一九九〇年)
衆議院・参議院編『議会制度百年史　衆議院議員名鑑』(衆議院参議院、一九九〇年)
社団法人尚友倶楽部編『貴族院の会派　研究会政治年表』(社団法人尚友倶楽部、一九七五年)

社団法人尚友倶楽部編『貴族院子爵議員選挙の内争、付　尚友会幹事日記』（社団法人尚友倶楽部、一九八六年）
社団法人尚友倶楽部・季武嘉也編『三島弥太郎関係文書』（芙蓉書房出版、二〇〇二年）
竹田市教育委員会編『博物学者中川久知年譜』（竹田市教育委員会・竹田市立歴史資料館別館・市民ギャラリー水琴館、二〇〇一年）
滝沢恭司編『織田一磨展　明治・大正・昭和―うつりゆく風景』（町田市立国際版画美術館、二〇〇〇年）
東京農業大学「食と農」の博物館編『田中芳男と東京農業大学―博物学から近代農学へ―』（東京農業大学「食と農」の博物館、二〇一六年）
財團法人名和昆蟲研究所編『財團法人名和昆蟲研究所概覧』（財團法人名和昆蟲研究所、一九一五年）

書籍

阿部永監修、財団法人自然環境研究センター編、阿部永・石井信夫・金子之史・前田喜四雄・三浦慎悟・米田政明著『日本の哺乳類』（東海大学出版会、一九九四年）
安部季雄『男爵辻新次翁傳』（仁壽生命保険株式会社、一九四〇年）
安東和彦「第4話　ニカメイガの防除に『葉鞘変色茎の切り取り』を提唱した明治の応用昆虫学者・中川久知」、昭和農業技術研究会・西尾敏彦編『昭和農業技術史への証言、第五集』（農山漁村文化協会、二〇〇六年）収録。
浅見雅男『華族誕生　名誉と体面の明治』（リブロポート、一九九四年）
アリス・ベーコン著、久野明子訳『華族女学校教師の見た明治日本の内側』（中央公論社、一九九四年）
江崎悌三・一色周知・六浦晃・井上寛・岡垣弘・緒方正美・黒子浩『原色日本蛾類図鑑（上）』（保育社、一九五七年）
江崎悌三・一色周知・六浦晃・井上寛・岡垣弘・緒方正美・黒子浩『原色日本蛾類図鑑（下）』（保育社、一九五八年）
後藤狂夫『我郷土の産める世界的先覚者　志賀重昂先生』（警眼社、一九三一年）
藤原英司『死に絶える動物たち』（ＪＩＣＣ出版局、一九九〇年）
福川秀樹編著『日本陸海軍人名辞典』（芙蓉書房、一九九九年）
福岡寿一編『三河男児　志賀重昂伝』（東海タイムズ社、一九七四年）
古川隆久『近衛文麿』（吉川弘文館、二〇一五年）
風景協會編『日本風景讀本』（古今書院、一九三七年）
学習院大学史料館編『昭和会館80周年記念男爵物語第1巻　男爵家の成立と足跡の研究』（社団法人昭和会館、二〇〇七年）

蜂須賀正氏『世界の涯』（酣燈社、一九五〇年）
蜂須賀正氏『密林の神秘』（法政大学出版局、一九五四年）
蜂須賀正氏『南の探検』（平凡社、二〇〇六年）
蜂須賀正氏著、杉山淳編『世界一の珍しい鳥　破格の人〈ハチスカマサウジ〉博物随想集』（原書房、二〇一七年）
蜂須賀年子『大名華族』（三笠書房、一九五七年）
秦郁彦『昭和史の軍人たち』（文藝春秋、一九八二年）
樋口雄彦『第十六代徳川家達―その後の徳川家と近代日本』（祥伝社、二〇一二年）
平野威馬雄『名和昆虫翁』（学習社、一九四三年）
北海道庁編『新撰北海道史　第四巻通説三』（北海道庁、一九三七年）
井田徹治『鳥学の１００年　鳥に魅せられた人々』（平凡社、二〇一二年）
井黒弥太郎『黒田清隆』（吉川弘文館、一九七七年）
門松秀樹『明治維新と幕臣　ノンキャリアの底力』（中公新書、二〇一四年）
金子七郎編『添田町誌』（添田町、一九五九年）
金子之史『ネズミの分類学　生物地理学の視点』（東京大學出版會、二〇〇六年）
霞会館編『貴族院と華族』（霞会館、一九八八年）
加藤房蔵『伯爵平田東助傳』（平田伯伝記編纂事務所、一九二七年）
川井唯史『ザリガニの博物誌　里川学入門』（東海大学出版会、二〇〇七年）
菊池正助『軍馬の研究』、江上波夫・木下順二・児玉幸多監修『近代　馬と日本史４』（財団法人馬事文化財団、一九九四年）収録。
木村小舟『昆蟲翁名和靖』（童話春秋社、一九四四年）
小林和幸『明治立憲政治と貴族院』（吉川弘文館、二〇〇二年）
小林和幸『谷干城』（中公新書、二〇一一年）
河野磐州傳編纂會編『河野磐州傳（下）』（河野磐州傳刊行會、一九二三年）
小宮輝之『物語上野動物園の歴史　園長が語る動物たちの１４０年』（中公新書、二〇一〇年）
久保田哲『元老院の研究』（慶應大学出版会、二〇一四年）
久保田哲『帝国議会　西洋の衝撃から誕生までの格闘』（中公新書、二〇一八年）
倉田公裕・矢島國雄『新編博物館学』（東京堂出版、一九九七年）

黒瀬義門『子爵花房義質君事略』（東京印刷、一九一三年）
黒田長禮『鳥類原色大圖説 一』（修教社書院、一九三三年）
黒田長禮『雁と鴨』（修教社書院、一九三九年）
黒田長禮『原色日本哺乳類圖説』（三省堂、一九四〇年）
黒田長禮『旅と鳥　鳥とともに六十年』（法政大学出版局、一九五八年）
前田喜四雄『日本コウモリ研究誌　翼手類の自然史』（東京大學出版會、二〇〇一年）
松橋利光（写真）・富田京一（解説）『日本のカメ・トカゲ・ヘビ』（山と溪谷社、二〇〇七年）
松下芳男『徴兵令制定史』（内外書房、一九四三年）
三島義温『三島弥太郎の手紙、アメリカへ渡った明治初期の留学生』（学生社、一九九四年）
みやじましげる『田中芳男傳』（田中芳男・義廉顕彰会、一九八三年）
宮西通可『不知火の研究』（大日本出版、一九四三年）
森永卓郎編『明治・大正・昭和・平成　物価の文化史事典』（展望社、二〇〇八年）
村上紀史郎『絶滅鳥ドードーを追い求めた男』（藤原書店、二〇一六年）
村瀬信一『帝国議会　戦前民主主義の五七年』（講談社選書メチエ、二〇一五年）
内藤一成『貴族院と立憲政治』（思文閣出版、二〇〇五年）
内藤一成『貴族院』（同成社、二〇〇八年）
直入郡教育会編『直入郡志（復刻版）』（名著出版、一九七三年）
名和靖『昆虫翁白話』（名和昆虫工芸部、一九二四年）
日本科学史学会編『日本科学技術史体系　第十五巻　生物科学』（第一法規出版、一九六五年）
小田部雄次『華族　近代日本貴族の虚像と実像』（中公新書、二〇〇六年）
老川慶喜『日本鉄道史　幕末・明治篇』（中公新書、二〇一四年）。
刑部芳則『三条実美　孤独の宰相とその一族』（吉川弘文館、二〇一六年）
刑部芳則『公家たちの幕末維新』（中公新書、二〇一八年）
大江志乃夫『張作霖爆殺　昭和天皇の統帥』（中公新書、一九八九年）
大分県総務部総務課編『大分県史　近代篇Ⅰ』（大分県、一九八四年）
坂本辰之助『子爵三島彌太郎傳』（昭文堂、一九三〇年）

佐々木忠次郎『蠶之蛆害』（丸善株式會社書店、一八九五年）
佐々木時雄『動物園の歴史』（講談社学術文庫、一九八七年）
千田稔『明治、大正、昭和　華族事件録』（新人物往来社、二〇〇二年）
瀬戸口明久『害虫の誕生―虫からみた日本史』（ちくま新書、二〇〇九年）
社団法人霞会館貴族院関係調査委員会編『貴族院職員懐旧談集』（社団法人霞会館、一九八七年）
社団法人日本新聞協会編『地方別日本新聞史』（社団法人日本新聞協会、一九五六年）
社団法人尚友倶楽部編『貴族院の会派　研究会史』（社団法人尚友倶楽部、一九七一年）
社団法人尚友倶楽部編『大正後半期の貴族院―華族議員の動向』（社団法人尚友倶楽部、一九八八年）
臼井勝美『満州事変　戦争と外交と』（中公新書、一九七四年）
白水隆編『日本産蝶類文献目録』（北隆館、一九八五年）
鈴木真哉『謎とき日本合戦史　日本人はどう戦ってきたか』（講談社、二〇〇一年）
高千穂宣麿『鶯嶺仙話』（九州帝国大学附属彦山生物学研究所、一九四六年）
高野伸二『フィールドガイド日本の野鳥　増補版』（日本野鳥の会、一九九〇年）
鷹司信輔『鳥と暮して』（千歳書房、一九四三年）
田中館秀三業績刊行会編『田中館秀三　業績と追憶』（田中館秀三業績刊行会、一九七五年）
田中義信『田中芳男十話　田中芳男経歴談』（田中芳男を知る会、二〇〇〇年）
土屋泰『實驗養蠶法』（明文堂、一九〇六年）
東京国立博物館編『東京国立博物館百年史』（東京国立博物館、一九七三年）
山口孤剣著・朝倉治彦・槌田満文監修『東京新繁昌記』（大空出版、一九九二年）
山本文雄『日本新聞發達史』（伊藤書店、一九四四年）
山本史郎『日本政党史（上）』（教育社、一九七九年）
安松京三・黒子浩共編『九州大学農学部付属彦山生物学研究所要覧（第三版）』（九州大学農学部付属彦山生物学研究所、一九六一年）
財団法人齋藤子爵記念会編『子爵齋藤実伝　第四巻』（財団法人齋藤子爵記念会、一九四二年）。

雑誌連絡記事

「蝶蛾鱗粉轉寫法の顚末」（『昆蟲世界』十二巻百三五号、一九〇八年）
「発刊の辞」（『海軍、The navy』一巻一号、一九〇六年）
「希望探訪（3） 大先輩蝶を語る　渡正監氏談」（『新昆虫』六巻一号、一九五三年）
「基本金募集につき廣く援助を仰ぐ」（『昆蟲世界』十九巻二二〇号、一九一五年）
「昆蟲翁の臨終及葬儀」（『昆蟲世界』三十巻三四九号、一九二六年）
「昆蟲世界」（『動物學雜誌』九巻百九号、一八九七年）
「國庫補助交附建議の否決」（『昆蟲世界』五巻四四号、一九〇一年）
「江湖各位の御同情を請ふ」（『昆蟲世界』二九巻三三〇号、一九二五年）
「中川久知氏の来所」（『昆蟲世界』六巻五十五号、一九〇二年）
「大浦農省務大臣の來所」（『昆蟲世界』十三巻百四八号、一九〇九年）
「当所の維持会に就て」（『昆蟲世界』十一巻一一三号、一九〇七年）
「雑報」（『昆蟲世界』第十巻一〇八号、一九〇六年）

論文

葦名ふみ「帝国議会衆議院における建議と請願—政府への意見伝達手段として—」（『レファレンス』六十巻十一号、二〇一〇年）
江崎悌三「日本の現代昆虫学略史—日本昆虫学会40年の回顧—」（『昆虫』二十五巻四号、一九五七年）
江崎悌三「木下周太先生」『江崎悌三著作集第三巻』（思索社、一九八四年）収録。
江崎悌三「台湾紀行」『江崎悌三著作集第三巻』（思索社、一九八四年）収録。
Espeut. W. B. 1882. On the acclimatization of the Indian Mungoos in Jamaica. Proceedings of the Scientific Meetings of the Zoological Society of London. 50: 712-714.
土居寛暢・仁禮景雄「朝鮮に産する Oeneis に就て」（『昆蟲世界』二三巻十一号、一九一九年）
蜂須賀正氏「内地の原野に於て高麗雉の繁殖するを嘆く」（『鳥』五巻二二号、一九二六年）
蜂須賀正氏「黒田會頭の略歴」（『鳥』十二巻五九号、一九四九年）
蜂須賀正氏「黒田會頭の文獻集」（『鳥』十二巻五九号、一九四九年）
浜野潔「勲功華族の農場経営とその継承—海軍中将・仁禮景範の家族史—」（『三田史学』八十一巻二号、二〇一二年）
長谷川仁「明治以降物故昆虫学関係者経歴資料集—日本の昆虫学を育てた人々—」（『昆虫』三五巻三号、一九六七年）

樋口秀雄「無私の物産学者田中芳男」（『日本及日本人』一五〇三号、一九七一年）
堀切利高「昆虫館開館（一）」（『彷書月刊』八月号、一九九六年）
堀切利高「昆虫館開館（二）」『彷書月刊』九月号、一九九六年）
Hoshina, H., 2002. A new genus of the tribe Sogdini (Coleoptera, Leiodidae, Leiodinae) from Japan, with description of a new species. Biogeography, 4: 7-12.
Hoshina, H., 2009. A taxonomic revision of the subfamily Coloninae (Coleoptera: Leiodidae) from Japan and Taiwan. Tijdschrift voor Entomologie, 152: 237-286.
Hoshina, H., 2012. Review of the tribes Sogdini and Leiodini from Japan and North Chishima Islands. Part II. Genera *Hydnobius* and *Leiodes* (Coleoptera: Leiodidae). Acta Entomologica Musei Nationalis Pragae, vol. 52, supplementum 1: 1-168.
保科英人「新聞報道から見た政党政治家杉田定一」（『日本海地域の自然と環境』十六号、二〇〇九年）
保科英人「政党政治家杉田定一調査ノート（I）」（『日本海地域の自然と環境』十七号、二〇一〇年）
保科英人「三崎嘯輔の生涯」（『日本海地域の自然と環境』二十一号、二〇一四年）
保科英人「蝶類學者仁禮景雄先生小傳」（『日本海地域の自然と環境』二二号、二〇一五年）
保科英人「博物學者高千穂宣麿先生小傳」（『日本海地域の自然と環境』二二号、二〇一五年）
保科英人「謎の蝶類学者仁禮景雄」（『きべりはむし』三八巻一号、二〇一六年）
保科英人「若人に託した科學一等國の夢～昆蟲男爵高千穂宣麿の生涯」（『きべりはむし』三八巻二号、二〇一六年）
保科英人「帝国議会における元虫捕御用の田中芳男」（『ビオストーリー』二五巻、二〇一六年）
保科英人「應用昆蟲學者中川久知先生小傳」（『日本海地域の自然と環境』二三号、二〇一六年）
保科英人「没後百年田中芳男先生年譜」（『日本海地域の自然と環境』二三号、二〇一六年）
保科英人「追悼伊藤修四郎先生、高千穂宣麿最後の知己」（『きべりはむし』三九巻二号、二〇一七年）
保科英人「名和昆蟲研究所側面史」（『きべりはむし』三九巻二号、二〇一七年）
保科英人「帝国議会における鳥類学者鷹司信輔」（『日本海地域の自然と環境』二四号、二〇一七年）
保科英人「鳴く蟲の近代文化昆蟲學」（『日本海地域の自然と環境』二四号、二〇一七年）
保科英人「福井藩医師岩佐純及び橋本綱常履歴書」（『福井大学医学部研究雑誌』一八巻、二〇一八年）
保科英人「明治百五拾年、アキバ系文化蝶類学」（『環境考古学と富士山』二号、二〇一八年）
保科英人「明治40年代『名和靖日記』」（『科学史研究』五八巻、二〇一九年）

保科英人「追悼黒子浩先生：「高千穂採集標本」をめぐる謎」（『きべりはむし』四一巻二号、二〇一九年）
保科英人「宮内庁書陵部所蔵『進献録』に記された近代期天皇家及び宮家への昆虫の献納」（『福井大学教育・人文社会系部門紀要』四号、二〇二〇年）
保科英人「補遺　蝶類學者仁禮景雄先生」（『きべりはむし』四三巻一号、二〇二〇年）
保科英人「近代文化蜻蛉学」（『伊丹市昆虫館研究報告』八号、二〇二〇年）
保科英人・長谷川巌・廣田美沙・廣部まどか「福井県におけるコウノトリ放鳥計画に関する一考察」（『日本海地域の自然と環境』十八号、二〇一一年）
井奥成彦「勲功華族仁禮景範家の塩田経営」（『三田史学』八十一巻二号、二〇一二年）
石田暁子「蝶蛾鱗粉転写標本　100年前の翅のきらめき」（『国立国会図書館月報』五八〇号、二〇〇九年）
柿澤亮三「黒田長禮　カンムリツクシガモの発見」（『科学朝日』五十巻三号、一九九〇年）
柏原精一「鷹司信輔　飼育を科学にした鳥の公爵」（『科学朝日』五十巻二号、一九九〇年）
柏原精一「蜂須賀正氏　絶滅鳥とモダン侯爵」（『科学朝日』五十巻四号、一九九〇年）
柏原精一「業績は広い分野に　明治〜昭和・華族生物学者列伝」（『科学朝日』五十巻十二号、一九九〇年）
岸田久吉「まんぐーすノ食性調査」（『農林省畜産局鳥獣調査報告』四号、一九二七年）。
岸田久吉「渡瀬先生とマングース輸入」（『動物學雑誌』四三巻五〇八・五〇九・五一〇号、一九三一年）
國雄行「第五回内国勧業博覧会と大阪」（『文化国際研究』九巻、二〇〇五年）
黒田長久「黒田長禮　動物分類地理学への足跡」（『日本生物地理学会会報』三五巻一号、一九八〇年）
黒田長久「フィリピンモズ亜種の〝hachisukai〟に想う」（『日本生物地理学会会報』五八巻、二〇〇三年）
黒田長禮「九州より始めて知らるる鳥類」（『動物學雑誌』三一巻三七三号、一九一九年）
黒田長禮「台湾産花鳥類に就て」（『鳥』二巻九号、一九二〇年）
草間慶一「ジョージ・ルイスの足跡について（上）」（『月刊むし』八号、一九七一年）
小林繁太郎「一生を蝶の採集にかけて」、土屋長平編『かるいさわ郷乃華、第四集』（一九七九年）収録
小西正泰「『博覧会男爵』田中芳男」（『科学朝日』五八七号、一九八九年）
小西正泰「高千穂宣麿　彦山の神官ナチュラリスト」（『科学朝日』五十巻九号、一九九〇年）
杉本巴水「軍艦生駒を送る」（『海軍　The navy』五巻四号、一九一〇年）
松尾量子「木綿織物の受容過程と柳井稿に関する一考察」（『山口県立大学生活科学部研究報告』三十一号、二〇〇五年）

湊正雄「北大における地質学と北海道」（『北大百年史　通説』、一九八二年）
三島義温「三島弥太郎の手紙」（『日本歴史』五六八号、一九九五年）
水内祐輔・古谷勝則「国立公園法成立をめぐる政治過程とその背景」（『日本建築学会計画系論文集』八十二巻、二〇一七年）
森中定治「蜂須賀正氏生誕百年記念シンポジウムを終えて」（『日本生物地理学会会報』五八巻、二〇〇三年）
森岡弘之「ヤンバルクイナとミヤコショウビン　琉球列島の鳥2題」（『日本の生物』三巻一号、一九八九年）
村川堅固「不知火探検記」（『龍南会雑誌』十九号、一八九三年）
村串仁三郎「日本の国立公園の制定（上）　自然の保護と利用の確執に関するレジャー論的研究（2）」（『経済志林』六十八巻三・四号、二〇〇一年）
村串仁三郎「日本の国立公園の制定（中）　自然の保護と利用の確執に関するレジャー論的研究（3）」（『経済志林』六十九巻四号、二〇〇二年）
Nakahawa, W., 1920. New Rhopalocera from the Far East. The Canadian Entomologist, 52 (6) : 137–139.
中原和郎「織田一磨氏へ」（『虫の世界』一巻十一・十二号、一九三七年）
中川久知「夜中蛾類ヲ採集スル法」（『動物學雑誌』一巻五号、一八八九年）
中川久知「本邦産昆虫卵寄生蜂図説第一集」（『農事試験場特別報告』六号、一九〇〇年）
中川久知「猥りに外國より鳥獸を輸入するは危険なり」（『動物學雑誌』十二巻百三十六号、一九〇〇年）
中川久知「猥りに外國より鳥獸を輸入するは危険なり（続き）」（『動物學雑誌』十二巻百三十七号、一九〇〇年）
中川久知「桑天牛（クワカミキウ）*Apriomas rugicollis* Chevr の卵に就きて」（『動物學雑誌』十二巻百四十一号、一九〇〇年）
中村司「蜂須賀正氏博士に学ぶ」（『日本生物地理学会会報』五八巻、二〇〇三年）
内藤一成「有爵議員互選選挙をめぐる貴族院の会派と華族―大正期の『研究会』を中心に―」（『九州史学』一一六号、一九九六年）
波江元吉「ヤイロツグミ英彦山に来る」（『動物學雑誌』十二巻一四三号、一九〇〇年）
並松信久「近代日本における博物館政策の展開」（『京都産業大学日本文化研究所紀要』二一号、二〇一六年）
なにがし生「啓蟄の蟲信」（『昆蟲世界』六巻五十六号、一九〇二年）
仁禮景雄「アカマダラ（*Araschnia levana* L.）の幼蟲及び蛹に就て」（『動物學雑誌』二十一巻二百五十四号、一九〇九年）
仁禮景雄「軍艦生駒便乗記」（『海軍、The navy』五巻五号、一九一〇年）
仁禮景雄「軍艦生駒便乗記（第二信）」（『海軍　The navy』五巻六号、一九一〇年）
仁禮景雄「亜爾然丁共和国独立百年祭に於ける観艦式」（『海軍　The navy』五巻八号、一九一〇年）

仁禮景雄「軍艦生駒より」(『海軍 The navy』五巻九号、一九一〇年)
仁禮景雄「日本産蝶類目録」(『動物學雜誌』二十八巻三百三十六号、一九一六年)
仁禮景雄「埃及紀行」(『海軍 The navy』五巻十号、一九一〇年)
仁禮景雄「本邦産未録種蝶類に就て」(『昆蟲世界』二十五巻二百八十四号、一九二一年)
仁禮景雄「エゾヒメシロテフに就きて中原「ドクトル」に答ふ」(『昆蟲世界』二十五巻二百八十四号、一九二一年)
西村貴裕「ナチス・ドイツの動物保護法と自然保護法」(『人間環境論集』五号、二〇〇六年)
野依秀市「財界の英雄松方幸次郎と私」(『実業乃世界』四十八巻一号、一九五一年)
織田一磨「都市と昆蟲美」(『昆蟲世界』十三巻百四八号、一九〇九年)
小口偉一「千家尊福と国家神道問題」(『中央公論』九三〇号、一九六五年)
大嶋和雄「第四紀後期の海峡形成史」(『第四紀研究』二九巻三号、一九九〇年)
斎藤尚文「台湾における鈴木商店の製糖事業について—人的及び資本的関係を中心に—」(『現代台湾研究』四十号、二〇一一年)
櫻井豪人「開成所の訳語と田中芳男—テンジクネズミ(モルモット)の訳語を手がかりに—」(『國語國文』八一二号、二〇〇二年)
関口直佑「明治初年の文部行政と辻新次」(『社学研論集』十四巻、二〇〇九年)
志賀重昂「世界山水図説」、志賀富士男編『志賀重昂全集第三巻』(志賀重昂全集刊行会、一九二七年)収録
椎名仙卓「田中芳男の博物館創設を回顧する—没後100年に寄せて」(『博物館研究』五二巻一号、二〇一七年)
椎名仙卓「明治後半期に於ける博物館設置・運営論—田中芳男・箕作佳吉・棚橋源太郎の構想—」(『博物館研究』十三巻八・九号、一九七八年)
下稲葉さやか・安田雅俊「日本哺乳動物学会と2人の哺乳類学者 黒田長禮と岸田久吉」(『哺乳類科学』五八巻一号)
朱耀沂「標本商漢斯・紹徳 對臺灣昆蟲學的貢獻」(『臺灣博物季刊』三十二巻一号、二〇一三年)
Simberloff, D., T. Dayan, C. Jones, & G. Ogura, 2000. Character displacement and release in the small Indian mongoose, *Herpestes javanicus*. Ecology, 81 (8) : 2086–2099.
高千穂宣麿「ミカドアゲハテフの採集」(『昆蟲世界』七巻六号、一九〇三年)
高千穂宣麿「コノマテフ英彦山に産す」(『ゼフィルス』七巻一号、一九三七年)
高橋奨「中川久知氏の小傳と論文」(『昆蟲世界』二十六巻二九五号、一九二二年)。
高倉忠博「60年来の「蜂須賀」ファン」(『日本生物地理学会会報』五八巻、二〇〇三年)
高島春雄「黒田博士の名を負う動物」(『鳥』十二巻五九号、一九四九年)

鷹司信輔「黒田君の還暦を祝ふ」(『鳥』十二巻五九号、一九四九年)
鷹司信輔・池田真次郎「日本海沿岸の島々の鳥」(『鳥』九巻四二号、一九三六年)
鷹司信輔・鹿野忠雄「臺灣次高山彙に於ける鳥類の高度分布」(『鳥』十巻四九号、一九三九年)
田中義信「新資料、田中芳男自筆『田中芳男履歴年表』解説と翻刻」(『飯田市美術博物館研究紀要』十四巻、二〇〇四年)。
谷津直秀「恐るべき『モングース』」(『動物學雑誌』二十九巻三四五号、一九一七年)
俵浩二「国立公園法時代までを対象とする国立公園論」(『国立公園』六四九号、二〇〇六年)。
筑波常治「国際的業績と非常識の間」(『日本生物地理学会会報』五八巻、二〇〇三年)
筑波常治・渋谷章「蜂須賀正氏の生涯と業績―特異な鳥類学者の人間像―(一)」(『生物学史研究』三四号、一九七八年)
筑波常治・渋谷章「蜂須賀正氏の生涯と業績―特異な鳥類学者の人間像―(二)」(『生物学史研究』三五号、一九七九年)
筑波常治・渋谷章「蜂須賀正氏の生涯と業績―特異な鳥類学者の人間像―(三)」(『生物学史研究』三七号、一九八〇年)
筑波常治・渋谷章「蜂須賀正氏の生涯と業績―特異な鳥類学者の人間像―(四)」(『生物学史研究』三九号、一九八一年)
角山幸洋「佐野常民と田中芳男―幕末明治期のある官僚の行動―」(『関西大学経済論集』四十八巻、一九九八年)
牛島秀彦「三島彌太郎―異色の『昆虫学』博士」(『現代の眼』二四巻二号、一九八三年)
渡邊洋之「渡瀬庄三郎の自然観―生物の移入と天然記念物の制定・指定をめぐって―」(『科学史研究、第Ⅱ期』三十九巻二一三号、二〇〇〇年)
矢後勝也「『昆虫展』展示報告」(『東京大学総合研究博物館ニュース』十五巻、二〇一〇年)
山田文雄「誤算だったマングースの導入」(『どうぶつと動物園』五十三巻五号、二〇〇一年)
山田文雄・池田透・小倉剛編『日本の外来哺乳類　管理戦略と生態系保全』(東京大學出版會、二〇一一年)
山本悠三「博物学者田中芳男研究―『殖産興業と博覧会・博物館』―」(『東京家政大学博物館紀要』二二集、二〇一七年)
山階芳麿「黒田長禮博士記念號に寄せて」(『鳥』十二巻五九号、一九四九年)

あとがき

私の専門は土壌性甲虫分類学である。にもかかわらず、なぜ「近代華族動物学者列伝」なる書籍を世に送り出すことになったか。そこには偶然に偶然が重なった、奇跡のような話がある。

幼少時の私は、多くの昆虫学者同様、虫捕りやバードウォッチングに勤しんでいた。しかし、それと同時に歴史百科事典を眺めるのが大好きであった。そして、源氏や藤原氏などの系図を紙に書き写す趣味があった。小学生高学年の頃になると、事典を参照せずとも、これらの系図を書けるようになった。今でも藤原鎌足から忠通（五摂家の祖）までの系図は完璧に頭に入っているし、総理大臣は初代伊藤博文から中曽根康弘ぐらいまでなら、出身都道府県付きで暗唱できる。

その歴史趣味がまったく衰えぬまま、昆虫学者になった。そのせいか、一〇年ぐらい前、福井県出身の自由民権運動家の杉田定一の伝記を書こうと思い立ってしまった。その伝記編集は、現在は中断してしまい、続きは老後に再開する予定だ。ただ、杉田関連の文献を漁っているうちに、明治初年に杉田のドイツ語学習の師であった三崎嘯輔という元福井藩医師の化学者の存在を知った。興味は杉田から三崎なる人物に移ってしまい、彼の生涯を徹底的に追跡した「三崎嘯輔の生涯」（二〇一四年）との論文を書き終えた。

さて、「三崎嘯輔の生涯」の出来には満足したのだが、悔いは三崎の化学の知見が、当時の欧米の近代化学の水準にどこまで近づいていたかがわからなかったことである。それもそのはず、化学の知識が乏し

いからである。そこで次に調べるのは、その人が書いた論文や本の内容が、自分にも理解できる動物学者にしようと決めた。そこで同時に書き上げたのが昆虫学者の高千穂宣麿と仁禮景雄の生涯を追った「博物學者高千穂宣麿先生小傳」「蝶類學者仁禮景雄先生小傳」（二〇一五年）の二編である。ちなみに、「學」「傳」との旧漢字、そして「―先生小傳」との古めかしい題目を使っているのは、私の懐古趣味による。

めでたく「博物學者高千穂宣麿先生小傳」「蝶類學者仁禮景雄先生小傳」の二編を書き上げたが、ここで己の失敗に気づいた。実は、私の愛読書は阿川弘之の海軍三部作「山本五十六」「米内光政」「井上成美」である。また、はまったパソコンのゲームが「Kanon」「Air」「CLANNAD」である。そして、この三本のゲームは製作メーカー「key」との名称から、オタ業界で「key三部作」と呼ばれている。

つまり自分でも三部作を成し遂げたくなった。そして、前述の三崎嘯輔の生涯を追跡した論文タイトルを「化學者三崎嘯輔先生小傳」にしなかったことを猛烈に悔やんだ。このタイトルにしておけば、高千穂と仁禮の論文を書いた時点で「学者小傳三部作」が達成できていたはずなのである。かと言って、発表済みの論文タイトルを変えることはできない。やむをえず三人目の調査対象者を無理やり探し出し、完成させたのが「應用昆蟲學者中川久知先生小傳」（二〇一六年）である。これにて、我が研究業績に学者小傳三部作を置くとの野望は成就した。

ここで、「博物學者高千穂宣麿先生小傳」の執筆中に時を戻そう。貴族院議員だった高千穂の議会における発言を調べているときだ。議会議事録には末尾に発言者の名前がイロハ順に並べられた索引がある。そこで、「た、た、た」と高千穂の名前を探していると、自然に「た」で始まるほかの議員名が目に入ってくる。そして「田中芳男は、議会での発言がやたらと多いな」とすぐに気づいたのである。そこで、議会議事録から田中の発言を徹底的に拾って論文にしたのが「帝国議会における元虫捕御用の田中芳男」（二〇一六年）である。仮に田中芳男の名字が鈴木だったら、この論文は生まれなかったに違いない。そし

てこの「帝国議会における——」とのタイトルが妙に気に入り、調子に乗ってその次に書いた論文が「帝国議会における鳥類学者鷹司信輔」（二〇一七年）である。このように、本書で取り上げた動物学者のうち、高千穂宣麿、仁禮景雄、中川久知、田中芳男、鷹司信輔の五人は本書書き下ろしではなく、元となる論文がある。

鷹司の次に、「帝国議会における鳥類学者黒田長禮」と「帝国議会における鳥類学者蜂須賀正氏」との論文に取りかかる予定だった。しかし、本書の企画が通ったので、この二編については論文化することとなく、本書に収録することとなった。

こうしてみると、元福井藩医師の化学者三崎嘯輔に端を発する学者の生涯調査が、本書に行きつくまで偶然の連続があった。その偶然に「自分の三本の論文を三部作にしたい」「『帝国議会における』のフレーズが気に入った」みたいな、下らないこだわりの要素も加わった。本書は趣味の集大成にすぎない。

昨今、「その研究は何の役に立つか」と問われることが多いが、いけ好かない風潮である。いまさら坂本龍馬暗殺の真犯人を見つけたところで、日本経済が上向きになるわけではあるまい。でも、学問なんてそんなもの。調査者の知りたいとの要求が満たされ、その新知見をほんのわずかな人々が必要としてくれればそれでよいではないか。そんな信念のもと書かれたのが本書である。趣味丸出しの本書を手に取ってくれた読者の皆様に深謝申し上げる。

最後に、本書を執筆するにあたり、鈴木瀬奈、高千穂秀敏、手嶋泰伸、名和哲夫、松田紀久子の諸氏（五〇音順）には資料提供等で大変お世話になった。厚く御礼申し上げる。

ま　行

や　行

事項索引

な　行

は　行

ま　行

人名索引

著者略歴

昭和 47（1972）年神戸市生まれ。平成 12（2000）年九州大学大学院農学研究科博士課程修了、博士（農学）。現在、福井大学教育学部教授、日本甲虫学会和文誌編集委員長、福井県環境審議会野生生物部会長、環境省希少野生動植物種保存推進員。専門は文化昆虫学、科学史、土壌性甲虫分類学。

近代華族動物学者列伝

2021 年 7 月 20 日　第 1 版第 1 刷発行

著　者　保《ほ》　科《しな》　英《ひで》　人《と》

発行者　井　村　寿　人

発行所　株式会社　勁《けい》　草《そう》　書　房

112-0005 東京都文京区水道 2-1-1　振替 00150-2-175253
（編集）電話 03-3815-5277／FAX 03-3814-6968
（営業）電話 03-3814-6861／FAX 03-3814-6854
三秀舎・松岳社

ISBN978-4-326-75058-0　Printed in Japan

http://www.keisoshobo.co.jp